Paläobiologie und Stammesgeschichte

Ein Leitfaden

Von

Dr. Kurt Ehrenberg

o. Prof. der Paläontologie und Paläobiologie
an der Universität Wien i. R.

Mit 29 Textabbildungen

Wien
Springer-Verlag
1952

ISBN-13: 978-3-211-80251-9   e-ISBN-13: 978-3-7091-5059-7
DOI: 10.1007/978-3-7091-5059-7

Vorwort.

Seit die Paläobiologie mit dem Erscheinen der „Grundzüge der Paläobiologie der Wirbeltiere" neben Paläozoologie und Paläobotanik zu einem dritten paläontologischen Wissensfach wurde, sind 40 Jahre vergangen; seit der Paläobiologie der Wirbeltiere in Gestalt der „vergleichenden biologischen Formenkunde der fossilen niederen Tiere" eine Paläobiologie der Wirbellosen folgte, 30 Jahre. Trotzdem und obwohl beide Werke mehr oder weniger am Anfang der Paläobiologie als eigene Disziplin standen, sind sowohl das Standardwerk von O. Abel wie die Formenkunde von E. Dacqué auch heute noch in keiner Weise überholt. Natürlich tragen sie den Stempel ihrer Zeit — am deutlichsten wohl der theoretisch-spekulative Teil in Dacqués Buch —, aber Berichtigungen ihres Inhaltes an Tatsächlichem haben die seitherigen Funde und Forschungen fast nur hinsichtlich weniger Einzelheiten gebracht.

Um so mehr freilich ist an Ergänzungen zu verzeichnen, denn bis der 1939 ausgebrochene große Krieg und dann im Zentrum der paläobiologischen Forschung gewisse Nachkriegsereignisse sich hemmend auswirkten, war die Paläobiologie in sehr lebhafter Entwicklung. Sachbereiche, von denen vor 30 und 40 Jahren kaum erst Ansätze vorhanden waren, wie Paläopathologie und Lebensspurenkunde, Erhaltung und Vorkommen der Fossilreste, wurden zu besonderen Teilgebieten ausgebaut; die lebensgeschichtliche (biohistorische) Seite der Paläobiologie rückte mehr in den Vordergrund, die stammesgeschichtliche (paläophylogenetische) erhielt durch die aufblühende Genetik, besonders die experimentelle Evolutionsforschung im Sinne F. v. Wettsteins und zuletzt durch die heute erst in ihren Anfängen befindliche Plasmagenetik, neue Impulse; aber auch das Kerngebiet der Paläobiologie hatte durch neue Fossilfunde wie durch neue Methoden und Untersuchungen — die ältesten und urtümlichsten Wirbeltiere, die *Agnathi,* sind dafür nur ein

Beispiel — eine wesentliche Mehrung des Stoffes zu verzeichnen. —

Aus der Erfahrung meiner akademischen Lehrtätigkeit von beinahe 50 Semestern weiß ich, daß das Fehlen einer zusammenfassenden Darstellung des so angewachsenen Gesamtgebietes der Paläobiologie schon lange als Mangel empfunden wurde. Insbesondere wurde von den Studierenden in Haupt- und Nebenfach wie von den Kandidaten für das Lehramt an Mittelschulen, aber auch von in benachbarten Disziplinen tätigen Wissenschaftern wie von sonst an den Fossilien und an der Geschichte des Lebens Interessierten der Wunsch nach einem Leitfaden zur Einführung bzw. zur Wiederholung des Stoffes vor den Prüfungen laut. So entstand schon vor Jahren der Plan, an Hand des für meine Vorlesungen aus Paläobiologie und Stammesgeschichte zusammengetragenen Materiales eine Ausfüllung dieser Lücke zu wagen. Als im zweiten Weltkriege so manche vom Beginn oder von der Fortsetzung des Studiums durch den Ruf zu den Waffen Ferngehaltene in gelegentlichen Mußestunden fachliche Kenntnisse erwerben oder auffrischen wollten, nahm er in der Form greifbare Gestalt an, daß ein kurzer Abriß des Grundsätzlichen unter Heranziehung ausgewählter Beispiele versucht werden sollte. Die Auswirkungen des Bombenkrieges verhinderten die Vollendung, durch ihn und durch die Nachkriegswirren in meiner Heimat geriet von dem, was schon vorbereitet und hergestellt war, ein Teil in Verlust.

Der Plan aber blieb. Und er schien mir auch unter den geänderten Verhältnissen in dieser seiner Form weiterhin vollendenswert, zumal eine umfassendere Neubearbeitung des paläobiologischen Stoffes schon im Hinblick auf die noch immer beschränkte Zugänglichkeit der im und seit dem zweiten Weltkriege erschienenen Spezialliteratur vorerst noch kaum überwindbaren Schwierigkeiten begegnen dürfte. Daß er nunmehr verwirklicht werden konnte, dafür habe ich dem Springer-Verlag, Wien, aufrichtig zu danken.

Was mit dem vorliegenden Buch beabsichtigt wurde, ist bereits oben angedeutet worden: Kein Lehr- oder gar Handbuch, sondern bloß ein Abriß als Leitfaden für eine erste Einführung und auch zur Wiederholung des Stoffes. Es soll also weder die eingangs genannten Werke noch die Vorlesungen ersetzen, sondern nur als ergänzender Behelf dienen. Daher die mitunter fast schlagwortartige Textierung, die Verwendung von größerem und kleinerem Druck, die Beschränkung der bildlichen Illustration auf wenige Strichzeichnungen, aber ein ausführliches Sachregister und eine Erläuterung der termini technici.

Es war mein Bemühen, Druckfehler, Irrtümer usw. tunlichst zu vermeiden, desgleichen dort, wo, wie in manchen stammesgeschichtlichen Fragen, mehrere Auffassungen nebeneinander bestehen, auch den Deutungen anderer Forscher gerecht zu werden, wenngleich die gesamte Darstellung naturgemäß von der Art, wie ich auf Grund meiner Kenntnisse und Erfahrungen die Dinge sehen zu müssen glaube, bestimmt ist. Für Hinweise auf Mängel jeglicher Art, insbesondere auf etwaiges, ob der angedeuteten Schwierigkeiten mir unzugänglich und daher unberücksichtigt gebliebenes neueres Schrifttum, werde ich meinen Fachgenossen nur dankbar sein.

Bei den seinerzeitigen Vorarbeiten wie bei der jetzigen Fertigstellung habe ich im bis 1945 von mir geleiteten Paläontologischen und Paläobiologischen Institute der Universität Wien wie am dortigen Zoologischen Institute Unterstützung und Hilfe erfahren, deren ich dankbar gedenken muß. Am erstgenannten Institute, das die Geburtsstätte der Paläobiologie umschließt und lange der Vorort paläobiologischer Forschung war, habe ich auch seinerzeit als Schüler, dann als Lehrer und Forscher einen großen Teil jener Kenntnisse und Erfahrungen erworben, die in diesem Buch ihren Niederschlag finden.

Wenn es jetzt hinausgeht, um als Lehr- und Lernbehelf zu dienen, so gilt mein dankbares Gedenken jedoch ganz besonders dem Schöpfer und unbestrittenen Meister der Paläobiologie, meinem unvergeßlichen Lehrer und Amtsvorgänger Othenio Abel. Dem Gedächtnis an ihn, der mich in die Wissenschaft vom Leben der Vorzeit und seiner Geschichte eingeführt hat, sei es darum gewidmet.

Pichl am Mondsee, den 11. Dezember 1951.

Kurt Ehrenberg

Inhaltsverzeichnis.

Bedeutung des Gegenstandes.

Paläobiologie (s. unten) und die damit eng zusammengehörende Stammesgeschichte beinhalten in den hier wie in meinen gleichnamigen Vorlesungen gewählten Umgrenzungen Fragenkreise des paläontologischen Fachgebietes, die nicht nur für den Paläontologen und den, der es werden will, von grundlegender Bedeutung sind; sie sind vielmehr auch für die Nachbarfächer — zwischen welchen die Paläontologie (Paläobiologie, s. S. 7/8) eine Art Brückenstellung einnimmt —, für die übrigen Teilgebiete der Biologie wie für die Geologie von Wichtigkeit.

Wieso kommt diesen beiden Stoffgebieten eine derartige Bedeutung zu? Weil es in der Paläobiologie und Stammesgeschichte in letzter Linie um die Geschichte des Lebens auf der Erde geht, also um Lebensgeschichte schlechtweg; diese aber muß ja ein wesentlicher Teil der Lebenslehre (Biologie) sein, da das Leben der Gegenwart ohne Kenntnis seines geschichtlichen Werdeganges nie restlos verstanden werden kann, und sie muß ebenso der Erdgeschichte (Geologie) wichtige Erkenntnisse liefern, da sie sich in den erdgeschichtlichen Zeiträumen abgespielt hat.

I. Paläobiologie.

A. Historisches, Definition und Umgrenzung, allgemeine Methodik.

1. Historisches.

Was ist denn eigentlich **Paläobiologie?** Dieses Wort tritt uns erst im neueren Schrifttum entgegen, es kam auf und erhielt Inhalt erst in der letzten Phase der Entwicklung der Wissenschaft vom Leben und den Lebewesen der Vorzeit, der **Paläontologie,** wie man sie gewöhnlich zu nennen pflegt. Was Paläobiologie ist, ist daher nur aus der Geschichte der Paläontologie verständlich.

Die Versteinerungen, Petrefakten (latein. petra = Stein. Gestein, facere = machen) oder Fossilien (vom lat. fodere = graben) sind in der Erdrinde weit verbreitet. Man kann ihnen in allen jenen Gesteinen begegnen, die aus Absätzen am Meeres- oder Seeboden, in Flüssen oder auf dem Festlande hervorgegangen und im Zuge der Gesteinswerdung, Gebirgsbildung usw. nicht allzu tiefgehend verändert worden sind. In diesen Absatz-, Schicht- oder Sedimentgesteinen (vom latein. sedimentum = Satz, Bodensatz) trifft man sie heute ebenso am Ufer des Meeres, der Seen und Flüsse, wenn das Gestein unmittelbar zutage tritt, wie im Inneren der Festländer. Ganz besonders bei Erd- und Steinbruchsarbeiten, in den mannigfachen Bergwerksbetrieben, kurz, wo der Mensch in die Erdrinde eindringt, werden mit dem Gestein auch die in ihm eingeschlossenen Fossilien bloßgelegt. Wie heute, muß das auch schon in den ersten Tagen der Menschheit gewesen sein. Und wie heute noch, selbst bei primitiven Menschen, solche Fossileinschlüsse lebhaftes Interesse erregen, haben sie auch schon die Aufmerksamkeit der Erst- oder Urmenschen wachgerufen. Der prähistorische, plistozäne[1] Mensch hat Reste von Lebewesen noch früherer, also vorplistozäner Zeiten, bereits gekannt. In der Aurignacstation[2] vom Hundssteig bei Krems hat man auch Conchylien (= Muscheln und Schnecken) aus dem jungtertiären, allmählich ausgesüßten Binnenmeer des Wiener Beckens gefunden, und ähnliche Funde liegen aus der Umgebung von Mainz, aus Belgien usw. vor. Zum Teil haben die Fossilien den Frühmenschen wohl wie den heutigen Naturvölkern als Schmuck gedient. Was sie sich aber über diese Dinge gedacht haben mögen, wissen wir nicht, denn es fehlen aus jenen Zeiten noch alle schriftlichen Aufzeichnungen. Solche liegen bekanntlich erst aus geschichtlicher Zeit vor. Und mit ihr setzt auch unsere Kunde von den Vorstellungen über die Versteinerungen ein.

Im Altertum waren diese Vorstellungen recht phantastisch. Man dachte an allerlei Fabeltiere, brachte Knochen von bedeutender Größe mit Riesen in Verbindung usf.

So berichtet Herodot (500 bis 424 v. u. Ztr.) von geflügelten Schlangen, die alljährlich vom Osten her nach Ägypten einfallen und in einem Hohlweg unweit der Stadt Buto von den heiligen Ibissen getötet werden. Die Wirbel der Schlangen könne man nach diesen Kämpfen dort in

---

[1] Zur Erläuterung der geologischen Zeitbegriffe, wie plistozän, tertiär usw., vgl. S. 62 ff.
[2] Aurignac = paläolithische, d. h. altsteinzeitliche Kulturstufe.

großer Menge finden. Schon vor Jahren hat O. Abel folgende Deutung
dieser Erzählung gegeben: Im ostägyptischen Mokattamgebirge wittern
in einem Hohlweg alljährlich im Frühjahr aus den dort anstehenden
Eozänschichten Knochen, darunter auch Wirbel von Schlangen, aus, die
man dann frei herumliegen finden kann. Dieser Sachverhalt hat also
sichtlich den realen Kern obiger Erzählung gebildet. Ob für die Schil-
derung der Schlangen als geflügelt eine Rolle gespielt hat, daß Herodot
von der Gewohnheit mancher dieser Reptilien, sich von Bäumen herab-
fallen zu lassen, gewußt hat, wird kaum mehr zu entscheiden sein. —
Auch die bis ins Altertum zurückreichenden Nachrichten von einäugigen
Riesen im Mittelmeergebiet, besonders auf verschiedenen Inseln — man
denke nur etwa an den aus Homers Odyssee bekannten Zyklopen Poly-
phem —, lassen sich nach Abel, dem wir grundlegende Untersuchungen
über diese ganzen Fragen verdanken, mit gewichtigen Gründen auf
Fossilfunde, u. zw. auf Schädel von eiszeitlichen Zwergelefanten, zurück-
führen, an welchen die Nasenöffnung von anatomisch Ungebildeten leicht
für eine mediane (= mittlere) Augenhöhle gehalten werden kann.

Auch während des ganzen Mittelalters, das ja — wenigstens in Europa — in vielen geistigen Belangen von der An-
tike völlig abhängig blieb, waren derartige Ansichten noch
weit verbreitet, ja, sie haben sich da und dort noch weit länger erhalten.

An den Fund eines Oberschenkelknochens vom eiszeitlichen Mammut
erinnert vielleicht — die Auffassungen sind hier nicht ganz übereinstim-
mend — die Bezeichnung „Riesentor" an der Wiener Stephanskirche.
Ein Knochen, der von der Grundaushebung für den unausgebauten Turm
stammen soll, und die Inschrift A. E. I. O. U. — die Anfangsbuchstaben
des Wahlspruches von Kaiser Friedrich III. — sowie die Jahreszahl 1443
trägt, wird noch heute im Geologischen Institut der Wiener Universität
verwahrt. — Auf einer Karte von Vischer aus dem Jahre 1678 wird
die „Drachenhöhle" bei Mixnitz in Steiermark, bekanntlich ein Fund-
punkt von Resten des eiszeitlichen Höhlenbären, als „caverna ... ex qua
Ossa Draconum deportantur" = als Höhle, aus welcher Drachenknochen
herausgebracht werden, bezeichnet. — Der Klagenfurter Lindwurm,
dessen Denkmal das Wahrzeichen dieser Stadt darstellt, ist offenbar
enge mit dem Funde eines eiszeitlichen Wollhaarnashorns verknüpft, von
dem sich der Schädel im dortigen Museum befindet.

Die Knochen von Wirbeltieren, vornehmlich solche von
großwüchsigen, wurden also für Gebeine von Drachen, Lind-
würmern, Riesen oder sonstigen Gestalten der Fabelwelt gehalten. Manche Schalen, Gehäuse und andere Hartgebilde der
wirbellosen Tiere hingegen hat man dazumal überhaupt noch
nicht als Teile oder Reste von Lebewesen erkannt. Aristoteles und die mittelalterlichen Scholastiker betrachteten
vielmehr Versteinerungen dieser Art als „lusus naturae" =
Naturspiele, welche dem „sucus lapidescens" (= dem gesteinsbildenden Saft) oder auch einer „virtus formativa" bzw.
„vis plastica" genannten Bildungskraft ihre Entstehung ver-

danken sollten. Der geheimnisvollen Herkunft entsprechend. wurden ihnen, ebenso übrigens auch den vermeintlichen Drachenknochen, Zauber- und Heilkräfte zugeschrieben, und es ist sehr bemerkenswert, daß wir diesbezüglich ganz gleichartigen Vorstellungen in weiten Teilen der Erde (z. B. Europa. Ostasien) begegnen. Mitunter haben dabei unverkennbar — nach dem Grundsatz „similia similibus curantur" (= Ähnliches wird durch Ähnliches geheilt) — gewisse oberflächliche Formähnlichkeiten eine Rolle gespielt.

Anhangsgebilde der Schalen einiger Brachiopoden (Armfüßer, s. S. 65 u. 66) lassen bei bestimmter Erhaltung eine gewisse Ähnlichkeit mit den äußeren weiblichen Geschlechtsteilen beim Menschen erkennen. Sie wurden als „Muttersteine" oder „Hysterolithen" (vom griech. hystera = lat. uterus = Gebärmutter und griech. lithos — Stein) bezeichnet, als Amulette gegen Verhexung hinsichtlich der Fruchtbarkeit getragen, als Mittel gegen Frauenleiden, aber auch der Erregung des Geschlechtstriebes dienlich erachtet.

Solche Beziehungen von Fossilien zum Volksglauben, aber auch zu Sage und Märchen, haben sich da und dort, so auch in manchen Gegenden der Ostalpen, noch bis in die unmittelbare Gegenwart erhalten. Vieles davon geht bei uns auf altgermanische Zeit zurück, hat freilich in der Regel mit der Christianisierung eine Übertünchung, ja selbst weitgehende Umgestaltung erfahren.

Auf den Schalen einiger Armfüßer (Brachiopoden) kann man mit einiger Phantasie infolge bestimmter Form- und Skulptureigentümlichkeiten die Gestalt eines Vogels mit ausgebreiteten Schwingen zu sehen vermeinen. Als „Taubensteine" oder „Täubli" wurden sie wahrscheinlich mit der Göttin Freia in Beziehung gebracht, als „Trustel-" oder „Drudensteine" für Mittel gegen Hexerei gehalten, der Name „Heilige-Geist-Schnecken" (nicht von Schnecken, sondern vom slaw. duhec - Geistchen) in Südkärnten und die bis in unsere Tage dort lebendige Sage zeigen einen Fall von Christianisierung solcher urgermanischer Vorstellungen (s. o.). — Nummuliten (Münzensteine, s. S. 68) wurden in Ägypten, wo sie in der Gegend der Pyramiden reichlich vorkommen, um den Beginn unserer Zeitrechnung nach Strabo als versteinerte Linsen von den Mahlzeiten der Arbeiter bei den Pyramidenbauten angesprochen; in Palästina nach Valentini (1704) als „Pisa betlehemitica" (= betlehem. Erbsen) bezeichnet; in Kärnten hat sich die Sage von den „versteinerten Linsen von Guttaring" mit dem gleichen Kern bis heute erhalten; in Ungarn sind solche linsen- bis münzenförmige Nummuliten als St.-Ladislaus-Pfennige in das Sagengut eingegangen usf.

Diese Zeit, da es noch keine Paläontologie als Wissenschaft gab, da die Vorstellungen über die Versteinerungen abenteuerlich, mit Aberglauben ganz durchsetzt und durch oberflächliche Ähnlichkeiten bestimmt waren, wo also die wahre Natur derselben noch nicht erkannt war. heißen wir die phantastische Periode. Sie währte bis ins 18. Jahrhundert. Erst als 1726 die von Beringer in seiner „Lithographia Wirceburgensis" dargestellten „Bildsteine" als ihm unterschobene Fälschungen (sog. „Beringersche Lügensteine") entlarvt wurden, war die wissenschaftliche Glaubwürdigkeit der „Figurensteine", Naturspiele usw. endgültig dahin.

Bei Naturvölkern wie in ländlichen Gegenden auch kulturell hochstehender Völker leben und weben jene sonderbaren und geheimnisvollen Deutungen noch heute fort. Anderseits waren, wie immer, einzelne Geister ihrer Zeit weit voraus. Schon um 600 v. u. Ztr. hat Xenophanes aus Funden von Meeresmuscheln in Griechenland auf eine frühere Meeresbedeckung griechischen Bodens geschlossen, also diese Funde in richtiger Weise gedeutet. Ähnlichen Äußerungen begegnen wir um 500 v. u. Ztr. bei Xanthos. Herodot, der die Geschichte von den geflügelten Schlangen überliefert hat, hat anderseits erkannt, daß sich der Boden Ägyptens im Meere gebildet hat. Verse von Ovid spiegeln analoge Anschauungen und Erkenntnisse wider. — Am Beginn der Neuzeit hat Lionardo da Vinci in gleicher Weise, als er bei Regulierungsarbeiten am Po im Boden auf Meeresconchylien stieß, eine frühere Meeresbedeckung der Poebene gefolgert, wie sie ja in der Tertiärzeit tatsächlich stattgehabt hat.

Die zweite Periode in der Geschichte der Paläontologie pflegt man die deskriptive zu nennen. Nun wurden die Fossilien zwar richtig als die Reste von Tieren und Pflanzen erkannt, aber die vergleichend-anatomischen Kenntnisse, mit denen man an die Beschreibung derselben heranging, waren noch recht gering, die erdgeschichtlichen Vorstellungen stark durch den biblischen Bericht von der Sündflut bestimmt (Diluvianer-Schule).

So wurde 1726, also im gleichen Jahre wie Beringer seine Monographie über die „Lügensteine" veröffentlichte, von Scheuchzer ein Riesenmolchskelett aus dem Miozän von Öningen in Baden, der berühmte *Andrias scheuchzeri*, als das „betrübte Beingerüst von einem armen Sünder, so in der Sintfluth ertrunken", beschrieben.

Erst als die Mehrheit der Erdzeitalter (von Arduino, 1713 bis 1795) erkannt, die Stratigraphie (um 1800 durch Smith) in ihren Grundzügen aufgebaut war, als man sich dessen bewußt wurde, daß die Versteinerungen wegen ihrer meist auf einzelne geologische Formationen oder Horizonte beschränkten Verbreitung für deren Altersbestimmung als „Denkmünzen der Schöpfung" (médailles de la création) bzw. „Leitfossilien" das wichtigste Hilfsmittel darstellten, erhielt die Paläontologie einen wesentlichen Auftrieb. Freilich war sie vorerst fast ausschließlich eine Hilfswissenschaft der Geologie. Die Beschreibung der als Leitformen (Leitfossilien) bedeutsamen Versteinerungen nach äußeren Kennzeichen stand ganz im Vordergrund, lebensgeschichtliche Gesichtspunkte traten neben diesen erdgeschichtlichen Zielen kaum in Erscheinung (Petrefaktenkunde im eigentlichen Sinne). Trotzdem führte auch diese Art der Beschäftigung mit den Fossilresten notwendigerweise zu deren Vergleichung untereinander und mit den rezenten (= jetztzeitlichen) Lebewesen wie auch zu dem Bedürfnis nach einer systematischen Ordnung, nach Eingliederung der vorzeitlichen Formen in das System der heutigen Organismen. Auf diese Weise erhielt die Paläontologie eigene Aufgaben, die sie mit eigenen Methoden zu verfolgen hatte; so wurde sie zu einer selbständigen Wissenschaft, für die jetzt, in der ersten Hälfte des 19. Jahrhunderts, die Bezeichnung Paläontologie auftaucht. Diese Entwicklung leitet die **dritte** oder **morphologisch-systematische Periode** ein. Die Namen **Cuvier** und **Brogniart** kennzeichnen ihren Beginn zu Anfang des 19. Jahrhunderts.

Die dritte Periode ist von der zweiten ebensowenig scharf zu trennen wie diese von der ersten (s. S. 5). Noch in den Vierziger- und Fünfzigerjahren des vorigen Jahrhunderts trat D'Orbigny gegen Pictet (und Quenstedt) als Anwalt einer in erster Linie erdgeschichtlichen Betrachtung der Fossilien auf, und ähnliche Auffassungen klingen vereinzelt auch noch in Äußerungen der allerletzten Zeit an.

Die Erkenntnis der Fossilien als Reste von einstigen Lebewesen, ihre vergleichend-anatomische Betrachtung hätten — so möchte man zurückschauend meinen — doch auch zu phylogenetischen (vom griech. phylon = Stamm, Genesis = Werden) Fragestellungen führen müssen. Das war aber vorerst fast nicht der Fall. Die Deutung der Fossilien als Zeugnisse der Sündflut in der Diluvianerzeit wurde, unter dem Banne des Bibeltextes, nach Erkenntnis der Mehrheit der Erdzeitalter und Lebewesen (Faunen und Floren) abgelöst von der Vorstellung wiederholter „Revolutionen" mit mehr oder weniger gänzlicher Vernichtung der Organismen und nachfolgender Neuschöpfung (Cuvier, „Kataklysmentheorie" von D'Orbigny). Selbst als durch Darwin von 1859 an der schon bei einigen (deutschen) Vorläufern anklingende Evolutionsgedanke zum Durchbruch kam, fand er im paläontologischen Schrifttum nur zögernd Widerhall, es dauerte noch eine ganze Weile, bis die Erkenntnis durchdrang, daß der Paläontologie, weil die Fossilien die stammesgeschichtlichen Urkunden sind, an der phylogenetischen Forschung ein entscheidender Anteil zukommt. Noch länger aber währte es, bis auch die lebensgeschichtliche Bedeutung klar gesehen wurde, bis man erfaßte, daß die Versteinerungen als Reste einstmals lebendiger Wesen uns auch darüber Aufschluß zu geben vermögen, wie, wo und wovon denn die vorzeitlichen Organismen lebten; bis man gewahr wurde, daß die solcherart zu ermittelnde Lebensgeschichte ihrerseits grundlegende stammesgeschichtliche Erkenntnisse beizubringen und zu erdgeschichtlichen wie zu praktisch-geologischen Fragen wichtige Beiträge zu liefern vermag. Diese lebens- und stammesgeschichtliche Richtung kennzeichnet die vierte und jüngste Periode der Paläontologie. Sie wird durch Arbeiten von Kowalewsky und Dollo im letzten Viertel des 19. Jahrhunderts eingeleitet. Abel baut diese Betrachtungsweise zu einer besonderen Disziplin aus, der **Paläobiologie** (1912). Ihre Gesichtspunkte fanden bald auch in morphologisch-systematischen, faunengeschichtlichen und sonstigen paläontologischen Arbeiten mehr und mehr Berücksichtigung. Heute ruht schon fast alle paläontologische Forschung auf biologischer Grundlage, ist die Paläontologie als Ganzes bereits weitgehend „biologisiert". Daher wird man die gegenwärtige **(vierte) Periode** der Paläontologie die **paläobiologische** (lebens- und stammesgeschichtliche) nennen dürfen.

2. Definition und Umgrenzung.

Infolge des oben geschilderten Werdeganges haben die Fachbezeichnungen wie der Umfang des Faches und seiner Teilgebiete mehrfach gewechselt. Auf die Petrefaktenkunde folgte die Paläontologie, welche — entsprechend dem Wortsinne (griech. palaios = alt, on = seiend, logos = Lehre) — die gesamte Lehre von den Lebewesen der Vorzeit, also die Zoopaläontologie (griech. zoon = tier. Lebewesen) bzw. Paläozoologie und die Phytopaläontologie (griech. phyton = Gewächs, Pflanze) bzw. Paläobotanik (griech. botane = Pflanze) umfaßte. Dann kam (s. o.) die Paläobiologie (griech. bios = Leben) hinzu, d. h. die Ökologie, Ethologie, Physiologie, Pathologie usw. der Vorzeit. Wie man aber unter der Biologie der Jetztzeit — im Gegensatz zur Biologie der Vorzeit (Paläobiologie) auch Neobiologie (griech. neos = neu) genannt — heute nicht nur Ökologie, Ethologie, Physiologie, Pathologie usw. versteht, sondern auch das Gesamtgebiet von Zoologie und Botanik, also die „Neontologie", als Biologie (und zwar im weiteren Sinne) bezeichnet, so verwendet man neuerdings auch Paläobiologie in gleich weitem Sinne, d. h. für Paläozoologie und Paläobotanik bzw. in gleicher Bedeutung wie

Paläontologie. Die „Biologisierung" der Paläontologie (s. o.) rechtfertigt diese Begriffsausweitung durchaus. Im folgenden wird jedoch nur die Paläobiologie im ursprünglichen, engeren Sinne zur Darstellung gelangen.

Außerdem werden sich die weiteren Ausführungen fast ganz auf die tierischen Fossilien beschränken. Die Paläobotanik, welche übrigens einen etwas anderen Entwicklungsgang als oben geschildert genommen hat — sie war nie so vorwiegend Domäne von Geologen und geologische Hilfswissenschaft, stand vielmehr seit je in engster Fühlung mit der (Neo-)Botanik —, ist nämlich nur in engster Anlehnung an die Botanik zu betreiben und muß hier außer Betracht bleiben.

3. Aufgaben und Methoden.

Die Paläobiologie i. e. S. (s. o.) hat also die Lebensweise der fossilen (= vorzeitlichen) Organismen, weiter die Geschichte des Lebens auf der Erde zu ermitteln. Ausgangspunkt und Kern ist dabei die Erkenntnis und Ermittlung der Beziehungen zwischen Form und Funktion, die **Anpassungsforschung**. Jedes Lebewesen muß, um leben zu können, lebensfähig sein, d. h. es muß sich in seinem Lebensraum aufhalten, ernähren, meist auch fortbewegen, gegen Konkurrenten und Feinde zur Wehr setzen sowie fortpflanzen können. Hierzu dienen besondere Einrichtungen, bei den höheren Organismen in der Regel bestimmte Organe und Organsysteme. Sie müssen funktionsgemäß und funktionstüchtig und, da die geforderten Leistungen nach Lebensraum und Lebensweise stark wechseln, auch im einzelnen recht verschieden gestaltet sein.

Der Hai draußen in der Hochsee lebt anders als die Giraffe in der Buschsteppe oder der Habicht, der in den Lüften schwebt. Der Hai lebt aber auch anders als der Rochen oder gar etwa als das Korallentier, die Giraffe anders als der Löwe oder gar etwa als die Spinne, der Habicht anders als das Rebhuhn oder gar etwa als der Schmetterling. Und wie diese Tiere in verschiedenen Räumen, im Wasser, auf dem Festlande und im Luftraum, leben, wie sie Raubtiere, Pflanzenfresser usw. sind, wie sie sich mehr oder minder gewandt oder auch gar nicht fortzubewegen vermögen, so wechselt die Gestalt ihres Körpers und seiner der Fortbewegung, Ernährung usw. dienenden Organe.

Allerdings nicht alle Verschiedenheiten, die wir da feststellen können, lassen sich unmittelbar mit der Lebensweise in Beziehung setzen.

So haben die Fische Kiemen, die Säuger Lungen als Atmungsorgane. Jene können den Sauerstoff nur dem Wasser, diese nur der Luft entnehmen. Auch Säugetiere, die, wie die Wale, dauernd im Wasser leben, atmen durch Lungen, nicht durch Kiemen; deshalb müssen sie, wenn auch oft nur in beträchtlichen Abständen — hierin macht sich eben eine Anpassung der Luftatmer an das Wasserleben geltend — auftauchen, um Luft zu schöpfen. Anderseits haben die Wale (wie die Fische und fast alle anderen gliedmaßentragenden Wasserbewohner) flossenartige Extremitäten, und ihre Gesamtgestalt ist so fischähnlich, daß die falsche Bezeichnung „Walfisch" durchaus verständlich erscheint.

Allgemein kann man sagen: Die Grundzüge der Organisation (Bauplan) sind bei Tieren (und Pflanzen) innerhalb gewisser Gruppen, die wir eben darnach als Einheiten erkennen und systematisch zusammenfassen, gleichartig, auch bei verschiedener Lebensweise. Die äußere Form hingegen, die Ausgestaltung im einzelnen, wechselt mit der Lebensweise. Folglich können jene mit der Lebensweise nur in einer mittelbaren Beziehung stehen, während bei diesen unmittelbare wechselseitige Beziehungen vorhanden sein müssen.

Diese unmittelbaren und mittelbaren Beziehungen zu ergründen und in ihnen die Anpassungen an eine bestimmte Lebensweise festzustellen, ist Aufgabe der vergleichenden Anpassungsforschung, soferne es sich um Fossilien handelt, der paläobiologischen Analyse. Diese hat demnach festzustellen, welche funktionsgemäßen Gestaltungen (Anpassungen) im Einzelfalle vorhanden sind und auf welche Lebensweise sie hindeuten. Voraussetzung ist dabei, daß diese Beziehungen in der Vorzeit grundsätzlich die gleichen waren wie in der Jetztzeit, daß also Flügel immer zum Fliegen, Flossen immer zum Schwimmen befähigten und dienten, welche Voraussetzung durchaus zulässig und wohlbegründet ist. Wir schließen also unter Zugrundelegung des sogenannten Aktualitätsprinzips per analogiam aus den Beziehungen zwischen Form und Funktion bei den Tieren (und Pflanzen) der Gegenwart auf die Lebensweise der vorzeitlichen Organismen, indem wir voraussetzen, daß sie ganz analog den jetztzeitlichen funktionsgemäße Einrichtungen besessen und sich im Zustand der Anpassung befunden haben müssen.

Der Analogieschluß wird zwar in der Regel ein richtiges Ergebnis liefern, ausnahmsweise kann er aber bekanntlich auch ein Fehlschluß sein. Ferner kann gelegentlich die Voraussetzung für ihn fehlen, wenn Vergleichsformen, -einrichtungen, -gestaltungen in der Jetztzeit mangeln oder wenn deren Bedeutung und damit die Lebensweise dieser Vergleichsformen unbekannt ist. In allen diesen Fällen wird man andere Methoden heranziehen, z. B. einen „Indizienbeweis" zu führen oder „per exclusionem" (Einengung durch Ausschließung) zu schließen versuchen. Immer aber ist größte Sorgfalt beim Schließen — Vermeidung von Fehl- und

Zirkelschlüssen, Achten auf richtige Voraussetzungen (Prämissen) — unerläßlich.

Endlich ist, was die Methodik paläobiologischer Forschung angeht. noch folgendes zu beachten: Man wird zwar — wie erwähnt und wie bei jeder historischen Forschung, die sich über reine Chronistik erheben will — stets von der Gegenwart, vom Bekannten ausgehen und auf Grund des Aktualitätsprinzips tunlichst Analogieschlüsse zu erzielen trachten; man wird aber anderseits auch nicht übersehen dürfen, daß die postulierte Gleichartigkeit zwischen gegenwärtigem und einstigem Geschehen sich auf Grundsätzliches beschränken wird, weil die besouderen Gegebenheiten jeglicher Zeit, das Einmalige jedes historischen Geschehens die zu erwartenden Analogien beschränken bzw. in ihnen gewisse Varianten und Abstufungen auftreten lassen werden. Wie jede Geschichtsforschung, wird daher auch die lebensgeschichtliche Analyse zu einem um so wirklichkeitsnäheren Bilde führen, je mehr sie durch Prüfung aller jeweils verfügbaren Kriterien auch die besonderen Gegebenheiten vergangener Zeiten zu erkennen und damit das Geschehen in ihnen gleichsam aus seiner Zeit heraus zu betrachten vermag.

B. Die Anpassungen an die Fortbewegung.

1. Schwimmen.

Das Schwimmen ist bekanntlich die Hauptfortbewegungsart im Wasser wie auf dessen Oberfläche. Viele aquatische (lat. aqua = Wasser) Tiere im allgemeinen und marine (lat. mare = Meer) im besonderen sind vorwiegend Schwimmer.

Körperform. Aus der Fülle der Körperformen schwimmender Tiere greifen wir vorerst drei Typen heraus: Viele Fische (z. B. Haie, Thunfisch u. a.) und Wale haben einen spindelförmigen Körper, der Kopf ist vom Rumpf nicht durch eine deutlich abgesetzte Halsregion getrennt; auch die mesozoischen Ichthyosaurier (griech. ichthys = Fisch, sauros = Echse, s. S. 67) hatten dieselbe Körperform. Ganz anders die Schildkröten mit ihrem kurzen und breiten, dorsoventral (lat. dorsum = Rücken, venter = Bauch) abgeflachten Rumpf und die ähnlich geformten mesozoischen Plesiosaurier (s. S. 67). Und wieder anders die Molche und Krokodile; wie die Schildkröten mit Kopf-, Rumpf- und Halsregion, ähnlich flachkörperig, aber minder breit und langschwänzig. Verschieden wie die Körperform ist bei diesen drei Typen auch das Schwimmvermögen. Der Hai ist da viel gewandter als Schildkröte oder Molch; er ist der bessere Schwimmer, und die Form seines Körpers, der Bewegung im Wasser weit weniger Widerstand entgegensetzend als die der beiden anderen Typen, läßt einen höheren Anpassungsgrad an das Schwimmen erkennen. Insgesamt ist das Bild noch viel bunter, können wir noch weit

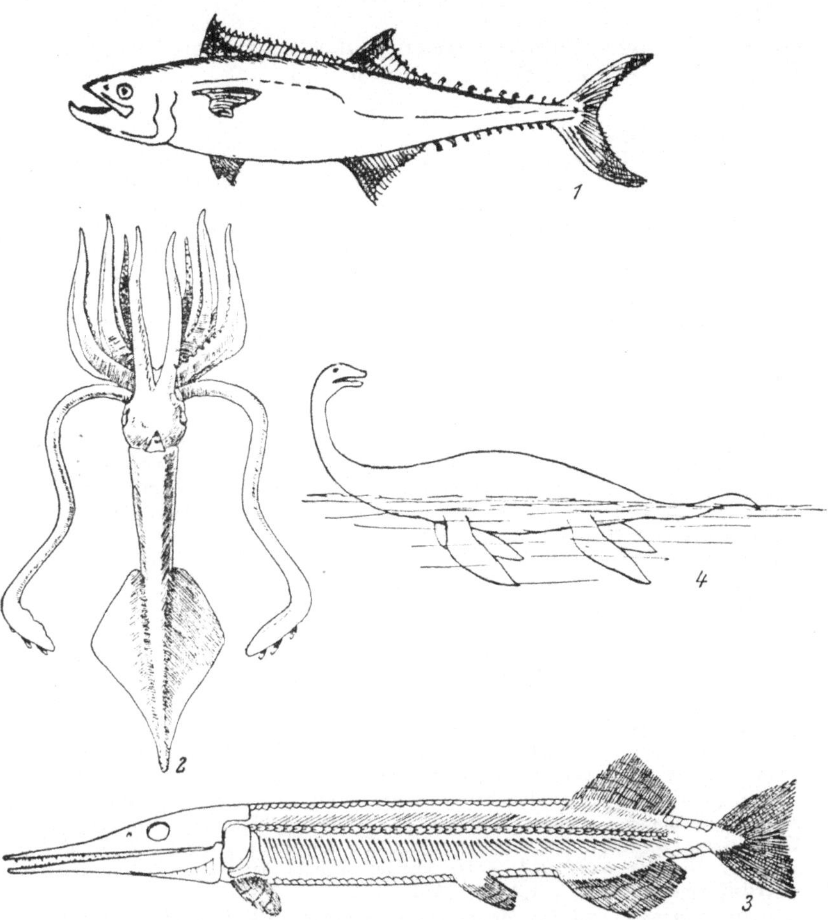

Abb. 1. Fusiformer oder Spindel-Typ: Makrele, *Scomber scombrus* L. Rezent. Hauptfortbewegungsorgan die senkrechte Endflosse. Verkleinert. (Nach A. Heintz 1934.)

Abb. 2. Teliformer oder Bolzen-Typ: *Ancistroteuthis liechtensteini* Fér. et d'Orb. Rezent. Wie zumeist bei den Cephalopoden wird der Körper (durch Ausstoßen von Wasser aus dem am Oberende des bolzenförmigen Mantels sichtbaren Trichter) mit dem Hinterende voran bewegt (Rückwärts-Schwimmer). Etwa $^1/_3$ nat. Gr. (Nach O. Abel 1916.)

Abb. 3. Sagittiformer oder Pfeil-Typ: *Belonorhynchus gigas* Sm. Woodw. (?) Obertrias. Australien. Hauptfortbewegungsorgan die senkrechte Endflosse. Etwa $^1/_4$ nat. Gr. (Aus O. Abel 1924.)

Abb. 4. Cheloniformer oder Flachboot-Typ: Plesiosaurier, mesozoisches Meeresreptil. Hauptfortbewegungsorgane die flossenförmigen (seitenständigen) Gliedmaßen. Stark verkleinert. (Nach A. Heintz 1934.)

mehr und nicht immer gegeneinander scharf abgrenzbare
Typen unterscheiden. Die wichtigsten sind:

Fusiformer Typ (lat. fusus = Spindel): spindel- oder torpedoförmig;
Hai u. a., s. o. (Abb. 1.)

Bolzentyp (teliformer Typ, lat. telum = Geschoß, Bolzen): Dem vorigen
nahestehend, aber Körper nicht nahe der Rumpfmitte am höchsten und
breitesten, sondern vorne, Umfang von da bis zum Hinterende gleichmäßig abnehmend, Bewegung mit Körperende voran (Rückwärts-Schwimmer); viele Kopffüßer (rezente = jetztzeitliche Hochseecephalopoden,
manche Orthoceren [s. S. 64] und Belemniten [s. S. 66/67] der Vorzeit)
u. a. (Abb. 2.).

Sagittiformer Typ (lat. sagitta = Pfeil): Auch dem fusiformen ähnlich,
aber ganzer Rumpf annähernd gleich hoch, Dorsalis (Rückenflosse) und
Analis (Afterflosse) weit hinten, gleich groß, gegenständig; Hecht und
hechtförmige Fische, wie *Belonorhynchus* und *Aspidorhynchus* aus dem
Mesozoikum (Abb. 3).

Veliformer Typ (lat. velum = Segel): Gesamtform den vorigen ähnlich, Körper am Hinterkopf am höchsten, vordere Dorsalis fast rumpf-
lang und sehr hoch. bei oberflächennahem Schwimmen aus dem Wasser
als Segel emporragend, hintere Dorsalis sehr klein, zur Analis gegenständig; nur rezent bekannt.

Flachboot-Typ (cheloniformer Typ, griech. chelone = Schildkröte);
s. o. (Abb. 4).

Molch-Typ (tritoniformer Typ nach der Molchgattung *Triton*); s. o.
(Abb. 5).

Mosasauriformer Typ: Körper schlangenartig, aber mit wohlentwickelten paarigen Flossen; Mosasaurier (Maasechsen, s. S. 67) der Kreidezeit
und Verwandte (Abb. 6).

Anguilliformer Typ (lat. anguilla = Aal): Aal- oder Schlangentyp.

Taenioformer Typ (griech. tainia = Band): Körper sehr lang und
schmal, wie ein senkrechtes Band; nur rezent bekannt.

Kaulquappen-Typ: Vorderkörper breiter und höher als der schlanke
Hinterleib; manche rezente Tiefseefische, viele der ältesten fischartigen
Wirbeltiere (*Agnathi, Placodermi* s. S. 65, u. a.) und Fische. Der Kaulquappen-Typ (Heintz 1932) entspricht etwa dem asterolepiformen und
macruriformen Typ (Abel 1912) (Abb. 7).

Depressiformer Typ (lat. depressus = niedergedrückt): Körper im Extrem flachscheibenförmig; Rochentyp (Abb. 8).

Compressiform-asymmetrischer Typ (lat. compressus = zusammenge-
drückt): Körper wie beim Vortyp sehr flach und der Scheibenform mehr
oder weniger genähert, aber nach oben sieht nicht die morphologische
Ober-(Dorsal-), nach unten nicht die morphologische Unter-(Ventral-)seite
des Körpers, sondern eine der beiden Flanken; diese also sind flachscheibenförmig und zur physiologischen Ober- bzw. Unterseite geworden;
der Körper ist morphologisch nicht dorsoventral, sondern seitlich zusam-
mengedrückt; compressiform, nicht depressiform; Asymmetrien besonders im Schädel; Schollen.

Compressiform-symmetrischer Typ: Körper ebenfalls stark bilateral
(= beidseitig) komprimiert und hoch (hochkörperig), aber Flanken mehr
oder weniger senkrecht- = normalstehend, keine Asymmetrie; rezente
Korallriffische, fossile Fische wie *Dapedius* aus dem Lias u. a. m (Abb. 9).

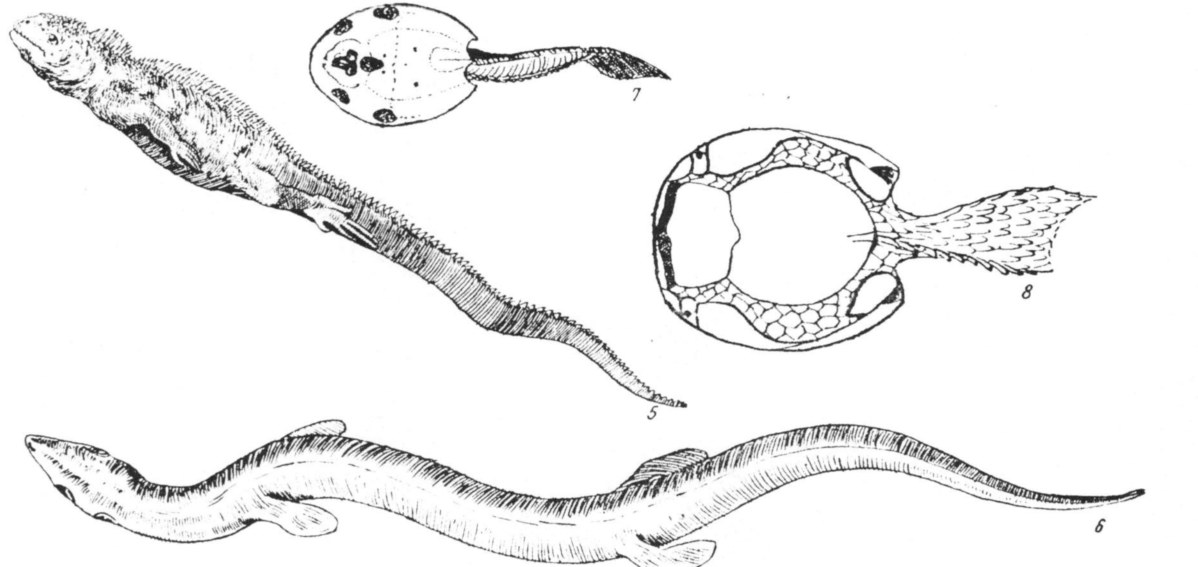

Abb. 5. Tritoniformer oder Molch-Typ: Galapagosechse, *Amblyrhynchus cristatus* Bell. Rezent. Klinonektonische Schwimmstellung. Hauptfortbewegungsorgane Ruderschwanz und Hinterbeine. Körperlänge bis etwa 135 cm. (Nach O. Abel 1924.)

Abb. 6. Mosasauriformer Typ: *Adriosaurus suessi* Seeley, aus der den Mosasauriern nahestehenden Gruppe der *Dolichosauria*, Unterkreide, Dalmatien. Fortbewegung durch Schlängeln des Körpers mit Unterstützung durch die Ruderflossen. Stark verkleinert. (Nach O. Abel 1924.)

Abb. 7. Kaulquappen-Typ: *Tremataspis*, ein Vertreter der altpaläozoischen *Agnathi*. Vorderkörper mit Panzerschale, vom Hinterkörper scharf abgesetzt. Fortbewegung vornehmlich durch Hinterkörper und Endflosse. (Nach A. Heintz 1934.)

Abb. 8. Depressiformer oder Flachkörper-Typ: *Drepanaspis*, gleich *Tremataspis* zu den *Agnathi* gehörig, aber mit aus Platten zusammengefügtem Panzer. Devon, Rheinland. Fortbewegung vornehmlich durch Hinterkörper und Schwanzflosse. Verkleinert. (Nach A. Heintz 1934.)

Baculiformer Typ (Stab-Typ. lat. baculum = Stab, oder Langbolzen-Typ): Manche rezente und fossile Cephalopoden.

Aculeiformer Typ (Nadel-Typ, lat. aculeus = Stachel): Dem Vortyp sehr ähnlich: *Syngnathus* (Seenadel, Abb. 10).

Caliciformer Typ (Kurzbolzen- oder Becher-Typ, griech. kalyx = Kelch): Manche Cephalopoden *(Octopus)* u. a.

Globiformer (Kugel-) Typ: Kugelfisch u. a.

Nicht alle diese Typen sind eigentliche Schwimmtypen in dem Sinne, daß die betreffenden Formen vorwiegend und gewandt schwimmen, also dem Nekton (griech. nektein = schwimmen) zuzurechnen sind.

Ohne Einschränkung gilt dies nur für die erstangeführ ten Typen, etwa bis zum mosasauriformen, wobei di Schwimmfähigkeit ungefähr in der gewählten Reihenfolg abnimmt. Die folgenden sind mehr bodennahe Typen, d. h die betreffenden Tiere halten sich viel am Boden selbst ode

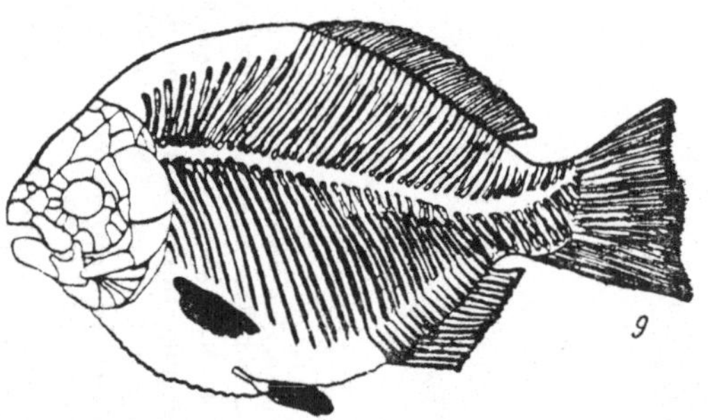
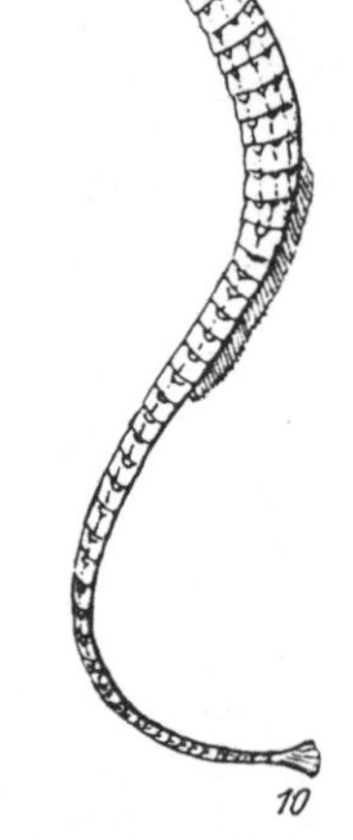

Abb. 9. Compressiform-symmetrischer oder Hochkörper-Typ: *Dapedius*, ein Fisch aus der Jurazeit. Hauptfortbewegungsorgan die senkrechte Endflosse. Stark verkleinert. (Aus A. Heintz 1934.)

Abb. 10. Aculeiformer Typ: Seenadel(-Fisch), *Syngnathus pelagicus*. Hypsonektonische Körperhaltung. Hauptfortbewegungsorgan die Rücken-flosse. Rezent. Verkleinert. (Aus O. Abel 1912.)

in diesem auf (Schlangen usw.); es sind eigentlich Angehörige des Benthos (griech. = Tiefe). und zwar des vagilen (beweglichen) Benthos. Vor allem gilt dies für Formen vom Rochen- und Schollen-Typ; die im Vorderkörper oft stark gepanzerten Formen des Kaulquappen-Typs dürften zum Teil in stark strömendem Wasser bodennahe gegen die Strömung gestanden sein (viele *Agnathi* und *Placodermi*, „Panzerfische"). Die hochkörperigen Fische hingegen sind vornehmlich Riffbewohner, die folgenden Typen mit noch beschränkterer Eigenbewegung gehören teils ebenfalls zum Benthos, teils, und zwar stab- wie mehr oder weniger kugelförmige, zum Plankton (griech. = das Umhergetriebene). lassen sich also mehr treiben, als daß sie sich aktiv schwimmend fortbewegen würden.

Das Auftreten gleicher Körperformen in Benthos und Plankton, wohl mit der in beiden Fällen verminderten Eigenbewegung zusammenhängend, kann die richtige Analyse fossiler Formen sehr erschweren. Daher muß man auch noch andere Merkmale heranziehen (s. S. 9), wie etwa, daß Benthosformen vielfach den Mund ventral, die Augen dorsal haben u. a. m. (s. u.). Am schwierigsten ist die Analyse der vielen Zwischentypen (Intermediärformen zwischen spindelförmig und hochkörperig, zwischen Kaulquappen- und Rochen-Typ u. dgl.). Man wird daher immer mit der Analyse von Extremformen beginnen bzw. von solchen ausgehen müssen. Ebenso aber wird der historische Ablauf, die zeitliche Aufeinanderfolge zu berücksichtigen sein. Sie kann uns auch noch weitere Aufschlüsse gewähren.

So zeigen die ältesten Wirbeltiere *(Agnathi)* Kaulquappen-Typ, und erst etwas später ist bei einzelnen von ihnen eine der Torpedoform angenäherte Gestalt *(Anaspida)* bzw. auch ein rochenartiger Typ *(Drepanaspis, Gemündina)* festzustellen. Meist fehlen diesen Frühformen auch paarige Flossen. Bei den Knochenfischen zeigt uns die zeitliche Aufeinanderfolge der verschiedenen Körperformen gleichfalls eine Zunahme des Schwimmvermögens in den verschiedenen Stammesreihen. So haben die Fische, wie es scheint, gleichsam erst allmählich schwimmen „gelernt". Auch bei den Ichthyosauriern muß es ähnlich gewesen sein. Freilich war dieser Entwicklungsgang in keinem Falle ein ganz einheitlicher. Immer wieder sind vielmehr aus torpedoartigen Typen Hochkörperformen hervorgegangen, hat also auch ein Wechsel der Lebensweise in Richtung auf eine verminderte Schwimmfähigkeit stattgefunden usf.

Körperhaltung. Wie die Körperform ist auch die Körperhaltung schwimmender Tiere verschieden. Man unterscheidet folgende fünf Typen:

Gastronektonisch (griech. gaster = Bauch): Körperachse mehr oder weniger horizontal. Bauch nach unten, Normalhaltung der meisten Schwimmer (Abb. 1 bis 4, 6 bis 9).

Notonektonisch (griech. noton = Rücken): Körperachse wie oben, aber Bauch nach oben, „Rückenschwimmer"; die Gliederfüßer *Branchipus* und *Notonecta*, die Schnecke *Paludina*, der Fisch *Synodontis* u. a., fossil z. B. der Trilobit (s. S. 64) *Aeglina*.

Pleuronektonisch (griech. pleura = Seite): Körperachse wie oben, aber Körperflanken nach oben und unten gewendet; *Pleuronectidae* (Schollen).

Klinonektonisch (griech. klinein = neigen): Körperachse schräg gestellt, Kopf höher als Hinterende oder umgekehrt, „Schräg-Schwimmer"; *Triton*, der Fisch *Antennarius*, fossil *Metriorhynchus* (Meereskrokodil) u. a. (Abb. 5).

Hypsonektonisch (griech. hypsos = Höhe): Körperachse senkrecht, Kopf oben oder unten; *Hippocampus, Syngnathus*, fossil *Amphisyle* (alles Fische). (Abb. 10.)

Der gewöhnlichen oder vorherrschenden Körperhaltung beim Schwimmen entspricht oft eine bevorzugte **Bewegungsrichtung** (Klinonektonten = Schräg-Schwimmer, Hypsonektonten = Auf- und Abwärts-Schwimmer). Im übrigen erfolgt das Schwimmen gewöhnlich mit dem **Körpervorderende voran** (**Vorwärts-Schwimmer**), selten ist das morphologische **Körperhinterende** physiologisch das Vorderende (**Rückwärts-Schwimmer**, s. S. 12 u. Abb. 2).

Lokomotions(Fortbewegungs-)organe (lat. locus = Ort, movere = bewegen). Die Lokomotionsorgane der Schwimmer sind gleichfalls sehr verschieden und daher für die Analyse nicht minder wichtig als die Körperformen. Greifen wir wieder vorerst einige Fälle heraus, die uns auch die Beziehung zwischen Körperform und Lokomotionsorganen beleuchten. Fusiforme und ähnlich gestaltete Fische haben als Hauptlokomotionsorgan die senkrecht gestellte. nach Art einer Schiffsschraube funktionierende Terminalis (Endflosse), die paarigen Flossen (Pectorales = Brustflossen und Ventrales = Bauchflossen) dienen vornehmlich der Steuerung, die medianen Flossen

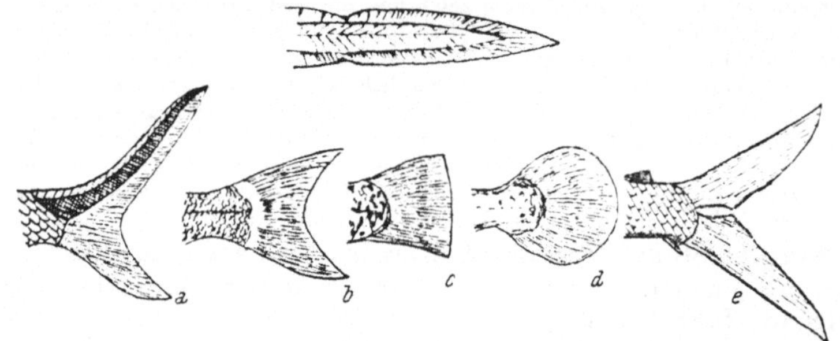

Abb. 11. Bau und Form der Endflosse: Oben: Protocerk, oxycerk, isobatisch. Unten: Heterocerk, rhipidicerk, epibatisch (a), homocerk, rhipidicerk, isobatisch (b--d). homocerk, rhipidicerk, hypobatisch (e). (Nach O. Abel 1912.)

(Dorsales, Anales) haben die Aufgabe von Führungskielen. Ganz ähnlich verhält es sich bei den Walen, nur steht hier die Terminalis horizontal. Beim Flachboot-Typ hingegen liegen die Dinge ganz anders. Hier fehlt die Terminalis, die Lokomotion geschieht mit Hilfe der als Paddel fuktionierenden paarigen Flossen. Es gibt also Typen mit endständigen (terminalen) wie mit seitenständigen (lateralen) Lokomotionsorganen, und zwar von sehr wechselnder Ausbildung (Brust- und Bauchflossen, nur Brustflossen, beide gleich groß, die einen oder die anderen größer usf.). Es gibt aber ebenso auch Schwimmer ohne terminale, laterale und mediane Flossen, wie die Schlangen. Und unter den schwimmenden Evertebraten (= wirbellosen Tieren) treten noch andere als flossenartige Lokomotionsorgane auf (Trichter usw.). Wir müssen die einzelnen Typen noch etwas genauer betrachten.

Endständige Lokomotionsorgane. Am wichtigsten ist hier die Terminalis der Fische (Abb. 11). Man kann an ihr nach verschiedenen Gesichtspunkten eine Anzahl von Typen unterscheiden, welche für die Lebensweise der Fische wie für den Ablauf ihrer Geschichte sehr aufschlußreich sind. Je nachdem, ob die Terminalis dorsoventral symmetrisch oder ob der obere Teil oder der untere Teil größer ist, heißt die Endflosse iso-, epi- oder hypobatisch (griech. bainein = gehen, isos = gleich, epi = hinauf, hypo = hinunter). Diese Bezeichnungsweise zielt also auf die Funktion: die „gleichgängige" Flosse treibt den Körper mit ihren seitlichen Schlägen gerade nach vorne, die „aufwärtsgängige" nach vorne und oben, die „abwärtsgängige" nach vorne und unten. Allerdings ist für die beiden letzten Typen auch eine gegenteilige Wirkung behauptet worden. Die Frage ist schwierig, weil auch die paarigen Flossen als Richtungsregulatoren fungieren. Die epibatische Ausbildung scheint die älteste zu sein.

An der Terminalisform wechselt außer der Symmetrie zur Körperlängsachse auch der Verlauf gegen hinten: sie endet mehr oder weniger verschmälert = spitz oder verbreitert gleich einem geöffneten Fächer. Die erste, ältere Form wird **oxycerk** (griech. oxys = spitz, kerkos = Schwanz), die zweite **rhipidicerk** (fächerschwänzig) genannt.

Der innere Bau der Terminalis ist, wie neben der Ontogenese (= Individualentwicklung) der rezenten Fische vor allem die fossilen Funde bezeugen, sehr vielgestaltig, denn sie kann auch aus mehreren heterogenen Teilen bestehen. Man unterscheidet vier Typen:

Protocerk (griech. protos = der erste): T = C, d. h. Terminalis einheitlich, mehr oder weniger saumförmig, nur aus der eigentlichen Schwanzflosse (Caudalis) aufgebaut: offenbar Urtyp, heute bei *Amphioxus*.

Heterocerk (heteros = der andere): T = C + A2, d. h. Terminalis zweiteilig, aus Caudalis und Analis secunda (2. Afterflosse) bestehend; C umsäumt das aufwärtsgebogene Körperende. A2 schließt ventral mehr oder weniger deutlich abgesetzt an; T asymmetrisch, formal epibatisch; viele *Agnathi, Placodermi*, Haie *(Elasmobranchii* oder *Chondrichthyes)* usw., *Acipenser* (Stör).

Homocerk (homos = der gleiche): T äußerlich mehr oder weniger völlig symmetrisch, caudaler Anteil verkümmert und verschmilzt unter gleichzeitiger Rückbildung des aufgebogenen Körperendes mit A2; Herkunft aus dem heterocerken Typ durch Fossilformen wie durch heterocerke Stufen in der Ontogenese rezenter homocerker Fische (z. B. *Lepidosteus)* bezeugt.

Gephyrocerk (griech. gephyra = Brücke): C und A2 sekundär rückgebildet, T aus anderen Elementen aufgebaut, z. B. T = D2 + A1 (Dorsalis secunda und Analis prima = 1. Afterflosse); abgeleiteter Typus, die Fische *Fierasfer, Cyema* u. a.

Endständige Lokomotionsorgane sind ferner der meist bilateral komprimierte und kräftige Ruderschwanz, wie er bei Schlangen, Bibern, Ottern und anderen auftritt, vorwiegend bei nur teilweise aquatischen bzw. solchen Formen, die auch sonst erst vergleichsweise geringe aquatische Anpassungen zeigen. Endlich sind hierher die Hinterbeine der Seehunde *(Phocidae)* zu rechnen. Nach hinten gerichtet, eng aneinandergelegt und fächerflossenförmig (1. und 5. Zehe sind länger als die Mittelzehen!), funktionieren sie ganz nach Art der Endflosse der Fische.

Seitenständige Lokomotionsorgane. Als solche kommen die paarigen Gliedmaßen in Betracht, die nur ausnahmsweise — s. o. und im folgenden — mehr oder weniger deutlich endständig sind. Vordere und hintere haben an der Fortbewegung recht wechselnden Anteil. Bald sind es ganz vorwiegend die vorderen, wie bei den Ohrenrobben oder auch bei den Pinguinen, die ja mit ihren „Flügeln" gleichsam durch das Wasser „fliegen"; bald werden neben den vorderen zeitweilig auch die hinteren herangezogen oder umgekehrt (Walroß, Schildkröten, Frösche u. a.). In anderen Fällen wirken die Hinterbeine mit dem Ruderschwanz zusammen, etwa bei den klinonektonischen Molchen und Krokodilen, und hier sind auch zum Unterschied von manchen Vorgenannten die Hinterbeine weit größer als die Vorderbeine. Die Hinterbeine allein dienen zur Fortbewegung im Wasser, wenn die Vordergliedmaßen andere Aufgaben zu erfüllen haben. Die meisten Schwimmvögel, aber auch einige Flugsaurier (s. S. 67) gehören hierher, und manchmal werden ihre oft durch Schwimmhäute flossenförmigen Hinterbeine beim Schwimmen stark nach hinten gestellt. Endlich verwenden manche rezente und verwendeten auch fossile Formen, wie die Plesiosaurier bzw. die Sauropterygier und die Placodontier (s. S. 67), die annähernd gleich großen Vorder- und Hinterbeine ziemlich gleichmäßig zum Schwimmen. Bei Fischen spielen die paarigen Flossen nur selten eine größere Rolle als Lokomotionsorgane neben der Terminalis, so z. B. bei *Gasterosteus* oder bei Rochen. Bei den Schollen bilden infolge der pleuronektonischen Körperhaltung die unpaarigen, medianen Flossen seitenständige Lokomotionsorgane. Ihre Bewegung erfolgt gemäß der Saumform wellenförmig (undulatorisch) wie auch bei den lateralen (seitlichen) Flossensäumen gewisser mehr oder weniger depressiformer bzw. rochenförmiger Cephalopoden.

Zur paläobiologischen Analyse bedarf es natürlich auch bei den seitenständigen Lokomotionsorganen neben der Prüfung der äußeren Form der Untersuchung des inneren Baues. Bei den rezenten Fischen ist das Skelett der paarigen Flossen in der Regel aus radiär geordneten, knöchernen bzw. knorpeligen sowie hornigen Stücken aufgebaut, u. zw. ist bei den *Chondrichthyes (Elasmobranchii)* auch das sogenannte Stammskelett gut entwickelt, während bei den Knochenfischen *(Osteichthyes, Teleostomi)* die randlichen Hornstrahlen überwiegen. Das Flossenskelett der ältesten bzw. urtümlichsten Teleostomen *(Crossopterygii, Dipneusti)* weist noch einen gegliederten und äußerlich beschuppten Achsenstab auf, von dem die Flossenstrahlen zunächst zweiseitig (bilateral) abgingen. Auch in paarigen Flossen einiger fossiler Elasmobranchier ist ein gegliederter Achsenstab gefunden worden. Bei den höheren aquatischen Vertebraten (vom lat. vertebra = Wirbel), die ja sämtlich sekundär zum Wasserleben zurückgekehrt sind, treten uns recht mannigfaltige, aber auch in verschiedenen Stammeslinien gleiche oder doch ähnliche Umgestaltungen der Tetrapoden-(Vierfüßer-)Extremität entgegen. Sie sind vor allem durch Verkürzung der proximalen Abschnitte (Ober- und Unterarm, Ober- und Unterschenkel), Verlängerung und Verbreiterung der distalen (Hand und Fuß im engeren Sinne, besonders Finger und Zehen) gekennzeichnet (vgl. das kurze Stammskelett und die langen Hornstrahlen der Teleostomenflosse. Abb. 12). Einige Beispiele sind:

Cetacea (Wale), *Ichthyosauria:* Ober- und Unter-Arm- bzw. -Schenkelknochen verkürzt und abgeplattet; Radius, Ulna, Tibia, Fibula = die beiden Unterarm- und Unterschenkel-Knochen im Extrem hand- bis fußwurzelknochenförmig (carpali- bzw. tarsaliform), desgleichen die Metapodien und Phalangen (Mittelhand-, Mittelfuß-Knochen und Finger- bzw.

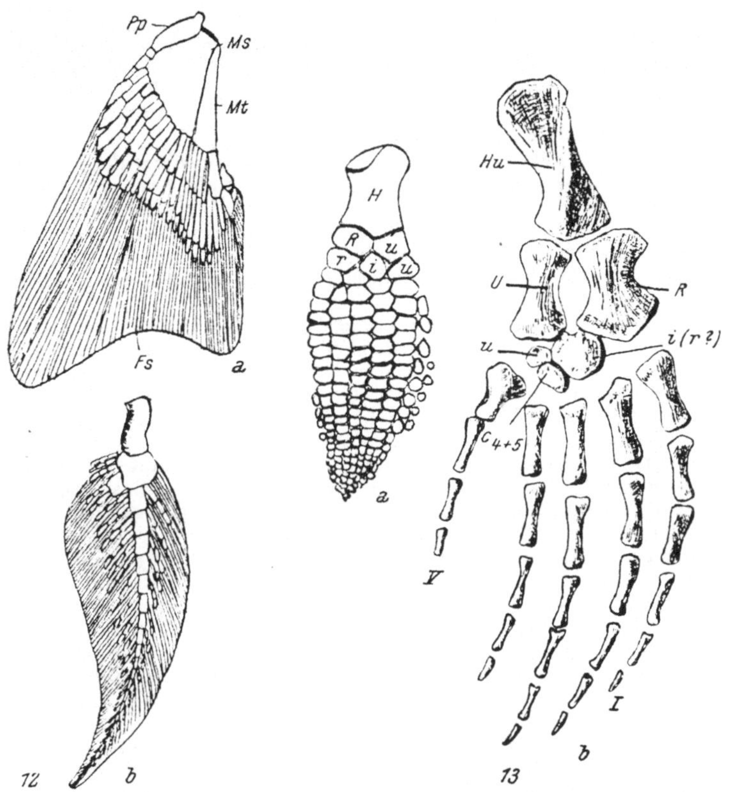

Abb. 12. Bau und Form der Brustflosse von Fischen. a: Linke Brustflosse (Skelett und Umriß) eines Haifisches, *Squalus acanthias* L., von
dorsal gesehen, mit radiärer Anordnung des wohlentwickelten Stamm-
skelettes (Pp, Ms, Mt und anschließende Stücke) wie der Hornstrahlen im
randlichen Flossenraum (Fs). Rezent. Verkleinert. (Nach Claus-Grobben 1917.) b: Brustflosse (Skelett und Umriß) eines Lungenfisches
(Neoceratodus forsteri), mit gegliedertem Achsenstab, zweiseitig angeord-
neten Nebenstrahlen und Hornstrahlen-Flossensaum. Rezent. Verkleinert.
(Nach Claus-Grobben 1917.)

Abb. 13. Skelett von zu Flossen umgestalteten Vordergliedmaßen meso-
zoischer Meeresreptilien. a: *Eurypterygius communis* Conyb., ein Ichthyosaurier aus der unteren Jurazeit Westeuropas. b: *Platecarpus ab-
ruptus* Marsh, ein Mosasaurier aus der oberen Kreidezeit Nordamerikas.
H, Hu = Humerus (Oberarm), R = Radius (Speiche), U = Ulna (Elle),
r, i, u, c 4 + 5 = Handwurzelknochen (Radiale, Intermedium, Ulnare, Carpale 4 + 5), I = 1., V = 5. Finger. Beachte besonders die Kürze von
Ober- und Unterarm gegenüber der Länge der eigentlichen Hand, ferner
bei a die gegenüber b zahlreicheren Fingerknochen und Fingerstrahlen.
Beide Bilder stark verkleinert. (Nach O. Abel 1912.)

Zehenknochen); Proximalteil[3] (Oberarm + Unterarm bzw. Oberschenkel + Unterschenkel) viel kürzer als der durch Hyperphalangie (Vermehrung der Finger- und Zehenglieder) verlängerte und oft durch Hyperdaktylie (Vermehrung der Finger- und Zehenzahl) verbreiterte Distalteil[3] (Hand und Fuß im engeren Sinne). (Abb. 13 a.)

Sauropterygia (Plesiosaurier und Verwandte), *Teleosauridae* (Meereskrokodile): Humerus und Femur mehr länglich, weniger verkürzt als die abgeflachten, aber nur selten carpali- bzw. kaum tarsaliformen Unterarm- und Unterschenkel-Knochen, Metapodien und Phalangen mehr oder weniger länglich-normal: Proximalteil kürzer oder *(Teleos.)* gleich lang bis länger als Distalteil; nur teilweise Hyperphalangie, keine Hyperdaktylie.

Mosasauria: Arm- und Schenkelknochen wie bei *Cetacea* kurz und abgeplattet, Unterarm- und Unterschenkelknochen, Metapodien und Phalangen nicht carpali- bzw. tarsaliform, Hand und Fuß im engeren Sinne wenig umgestaltet, geringe Hyper-, aber auch Hypophalangie (Verringerung der Phalangenzahl), keine Hyperdaktylie; Proximalteil wenig kürzer als Distalteil. (Abb. 13 b.)

Aquatische Schildkröten: Arm- und Schenkelknochen wenig verkürzt und umgestaltet, Metapodien und Phalangen normal, mitunter erheblich verlängert, Hyperphalangie selten, keine Hyperdaktylie; Proximal- und Distalteil meist wenig längenverschieden.

Pinguin: Alle Flossen-(Flügel-)knochen bilateral abgeflacht, sonst wenig umgestaltet; Proximalteil nur wenig kürzer als Distalteil.

Übrige Schwimmvögel und aquatische Säugetiere im allgemeinen: Meist Gliedmaßenknochen nur wenig umgestaltet, Schwimmhäute oder -lappen stellen die auffälligsten Schwimmanpassungen der meist auch zu terrestrischer (Land-)Lokomotion dienenden Extremitäten dar. Stärkere Umwandlungen, besonders bei *Cetacea*, auch *Pinnipedia* (Seehunde usw.), s. o., weniger bei *Sirenia* (Seekühe).

Sonstige Lokomotionsorgane. Vereinzelt kommt bei Fischen auch eine Lokomotion mit Hilfe der Rücken- oder Afterflossen vor.

Sonstige Schwimmanpassungen. Die bisher besprochenen Schwimmanpassungen stellen nur die vornehmlichsten und augenfälligsten dar. Weitere wären am Gliedmaßenskelett sekundär aquatischer Wirbeltiere die gestaltlichen Änderungen, welche mit der geänderten Muskelfunktion (Bewegung) in direktei Beziehung stehen, so die Verlagerung und Schwächung von Muskelleisten, die Umformung bis Rückbildung von Gelenken u. a. m. Auch am übrigen Skelett gibt es Schwimmanpassungen. Die Besonderheiten in der Schädelform und Wirbelgestalt der Fische bzw. Tetrapoden (Vierfüßer) gehören zu einem eiheblichen Teil hieher, wie die mehr oder weniger deutliche Annäherung derselben an den Fischzustand bei sekundär aquatischen höheren Wirbeltieren bekundet. Bei den Fischen selbst gingen der Verlust der urprünglichen Panzerung (Außenskelett) und die Festigung (Ossifikation = Verknöcherung) des Innenskeletts (Wirbelsäule) mit der allgemeinen Zunahme des Schwimmvermögens Hand in Hand. Die Schwimmanpassungen der Evertebraten sind teils ähnlich, teils verschieden von denen der Vertebraten. Von den Körperformen schwimmender Wirbelloser war bereits früher gelegent-

---

[3] Proximal   der Mitte (Mittelachse) des Körpers genähert (näher gelegen), distal   von ihr entfernt (ferner gelegen).

lich die Rede. Die Lokomotionsorgane sind abermals recht mannigfaltig. Wurmartige schwimmen zum Teil durch Schlängeln, zum Teil durch senkrechte Undulationen des ganzen Körpers, Einzeller mit Hilfe von Flimmerepithelien, Quallen durch Kontraktion des Ringmuskels an der Schirmunterseite und Ausstoßen des Wassers aus der Glocke. Das Ausstoßen des Wassers ist bei der (Rückwärts-)Bewegung von Libellenlarven und Salpen *(Tunicata)*, vor allem aber bei Cephalopoden (Trichter-Schwimmen) wesentlich. Bei diesen können auch laterale Flossen oder ein aus den Armen durch Zwischenhäute gebildeter Schirm mithelfen, ja bei Trichterreduktion gemeinsam die Lokomotion übernehmen usf. Extremitäten fungieren bei den Arthropoden (Gliederfüßern) ähnlich wie bei den sekundär aquatischen Wirbeltieren bald teilweise, bald ausschließlich (z. B. Schwimmfüße gewisser *Gigantostraca*, s. S. 64) als Schwimmorgane und zeigen demgemäß bald kaum, bald deutlich entsprechende Umgestaltungen. Die wenigen Schwimmer unter den rezenten (jetztzeitlichen) Gastropoden (= Schnecken) sind durch flossenartige Umgestaltung des sogenannten Fußes (Kriechsohle) ausgezeichnet; desgleichen durch dünne und mehr oder weniger bilateralsymmetrische, zu Rückbildung neigende Gehäuse *(Pteropoda* = Flügel- und *Heteropoda* = Flossenfüßer). Einige Muscheln vermögen durch Auf- und Zuklappen ihrer Schalen zu schwimmen *(Pecten* u. a.), einige Crinoiden (Seelilien) mit Hilfe ihrer Arme (z. B. *Antedon)* usf. Im ganzen sind vollendete Schwimmer, von den Cephalopoden und gewissen Arthropoden abgesehen, unter den Evertebraten selten. Weil das Außenskelett der Evertrebraten zumeist mehr Schutz- und Stütz- als Bewegungsfunktionen (und damit -anpassungen) hat und die Bewegungsanpassungen vornehmlich die Weichteile betreffen, ist die Beurteilung des Schwimmvermögens fossiler Evertebraten für deren meiste Gruppen eine recht schwierige Angelegenheit.

2. Kriechen.

Als Fortbewegungsart auf dem Boden — u. zw. am Festlande wie unter Wasser — ist das, was man gemeinhin Kriechen nennt, heute weit verbreitet. Wir finden es bei Protozoen (Urtieren), Anneliden (Gliederwürmern), Arthropoden, Gastropoden und anderen Mollusken (Weichtieren), bei Echinozoen (Seeigeln u. a.) und Asterozoen (Sterntieren), beim Salamander, wir finden es ferner auch bei Reptilien, die freilich, wenn wir das Heer der fossilen mitbetrachten, keineswegs so vorwiegend Kriecher waren, als der Name Kriechtiere (lat. reptare = kriechen) andeutet. Das Kriechen, welches nach den rezenten wie fossilen Befunden wohl als die ursprünglichste Lokomotionsform auf dem Boden anzusehen ist, erweist sich bei genauerer Analyse als durchaus nicht so einförmig, wie es auf den ersten Blick scheinen möchte. Seine Abgrenzungen gegen die nächstverwandten Fortbewegungsarten wird durch mancherlei Übergänge erschwert. Im allgemeinen wird man das Kriechen wohl als eine mehr oder weniger langsame, unbeholfene Lokomotionsart umschreiben dürfen, bei welcher der Körper — auch wenn die Bewegung mittels (meist mehr oder weniger lateral gestellter) Körperanhänge erfolgt — im allgemeinen nur wenig und nur in geringer Ausdehnung von der Unterlage abgehoben wird.

Evertebrata. Kriechen mit Hilfe von Pseudopodien (griech. pseudos = Lüge, pus = Fuß, also „Scheinfüßchen") bei Protozoen, mit Hilfe von Gliedmaßen bei Anneliden und Arthropoden; bei diesen alle Übergänge zu Gehen (Schreiten), Laufen, Stelzen; Kriechen mittels Saugfüßchen bzw. Stelzen auf Stacheln bei Seeigeln; Kriechen mittels Saugfüßchen bzw. -armen bei Cephalopoden; Kriechen mittels der Arme bei Crinoiden und Schlangensternen, zum Teil mit Übergängen zum Klettern; Kriechen mit dem Fuß: Schnecken und Muscheln. Die fossilen Formen zeigen, soweit beurteilbar — an den Hartteilen lassen sich besondere Anpassungen nur selten feststellen — ein ganz analoges Verhalten.

Vertebrata. Da ein gegliederter Achsenstab (s. S. 18) nach rezenten Beobachtungen eine Abknickung der Flossen und damit eine Art Abstütz- und Kriechbewegung am Boden ermöglicht, da ein solcher schon bei paläozoischen Fischen (*Chondrichthyes* wie *Osteichthyes*) nachgewiesen ist (vgl. auch die „Lateralorgane" der *Placodermi*), scheint das Kriechen die ursprünglichste Lokomotionsform — wenigstens der gnathostomen (griech. gnathos = Kiefer, stoma = Mund) Wirbeltiere — zu sein. Heute freilich kommt es bei Fischen — von den *Crossopterygii* (Quastenflossern) abgesehen — nur als sekundäre, abgeleitete Bewegungsart ausnahmsweise vor (*Malthopsis, Periophthalmus, Trigla*). Ebenso ist eine Art Kriechen bei Walroß und Ohrenrobbe als sekundär zu bewerten. Hingegen ist das Kriechen die Fortbewegungsart der ersten Landwirbeltiere gewesen. Die Stegocephalen (Dachschädler, s. S. 65) waren Kriecher, der Salamander, auch sonst in vielem eine Art „lebendiges Fossil", hat

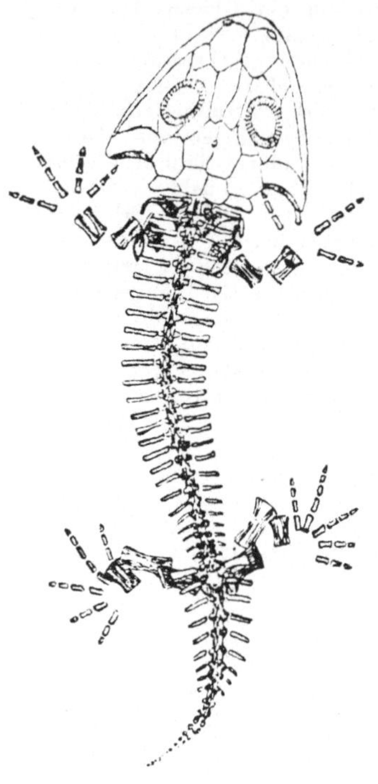

Abb. 14. Skelett eines kriechenden (schiebkriechenden) Stegocephalen: *Pelosaurus laticeps* Credner, aus dem Perm Sachsens. Beachte vor allem die starke ventralseitige Entwicklung des unter den vordersten Wirbeln und Rippen sichtbaren Brustschultergürtels sowie die Stellung und gegenseitigen Längenverhältnisse der schwachen Gliedmaßenknochen. Etwa 1/2 nat. Gr. (Aus O. Abel 1912.)

diese Bewegungsart bis heute beibehalten. Die starke ventralseitige Entwicklung des „Brustschultergürtels" der Stegocephalen, die Stellung der Extremitäten seitlich vom Rumpf, wobei der Oberarm beiläufig horizontal, der Unterarm annähernd vertikal steht, die größte Länge des vierten Finger- und Zehenstrahls, welche den Körper vorwärtsschieben und abstützen, sind die wichtigsten Attribute dieser von leichten S-förmigen Bewegungen des Rumpfes begleiteten Bewegungsart, die man auch vielleicht als **Schiebkriechen** bezeichnen könnte. Einige, vor allem große Stegocephalen, wie *Mastodonsaurus* und *Cacops*, scheinen dann zu einer Art **Stemmkriechen** übergegangen zu sein, wobei der Körper bei der Bewegung etwas vom Boden abgestützt wurde und dann gleichsam nach vorne gefallen sein dürfte; bei anderen verkümmerten die Extremitäten ganz. Der sich streckende Körper wurde schlangenartig und muß schlängelnd fortbewegt worden sein. Bei den in den Stegocephalen wurzelnden Reptilien sind dann weitere Bewegungsformen aus dem ursprünglichen Kriechen entwickelt worden. Von ihnen steht das **Schieblaufen**, wie es die heutigen Eidechsen ausführen,

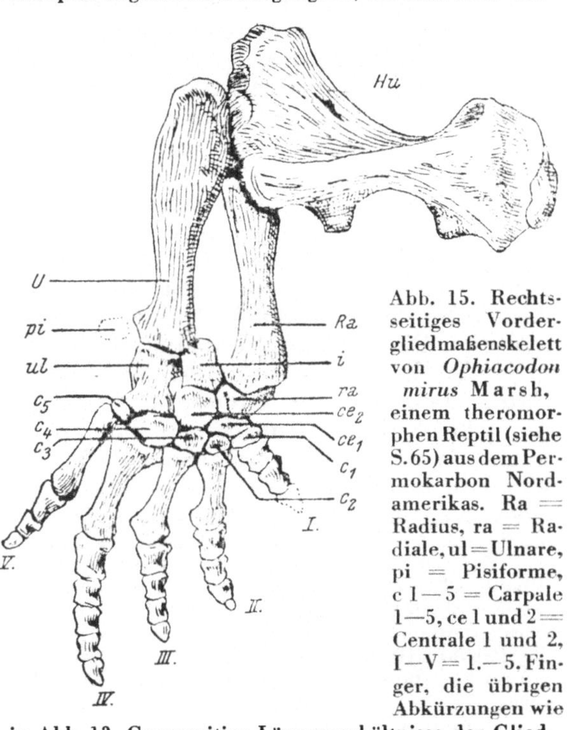

Abb. 15. Rechtsseitiges Vordergliedmaßenskelett von *Ophiacodon mirus* Marsh, einem theromorphen Reptil (siehe S. 65) aus dem Permokarbon Nordamerikas. Ra = Radius, ra = Radiale, ul = Ulnare, pi = Pisiforme, c 1—5 = Carpale 1—5, ce 1 und 2 = Centrale 1 und 2, I—V = 1.—5. Finger, die übrigen Abkürzungen wie in Abb. 13. Gegenseitige Längenverhältnisse der Gliedmaßenknochen ähnlich wie in Abb. 14, aber ganze Extremität kräftiger (auch die Handwurzelknochen verknöchert, daher überliefert), und nicht bloß zum Vorwärtsschieben, sondern wohl auch zum Tragen des Körpers bzw. Abstemmen vom Boden geeignet. Etwa 1/2 nat. Gr. (Aus O. Abel 1919.)

dem Kriechen (Schiebkriechen) am nächsten, weicht von ihm vor allem durch das gesteigerte Bewegungstempo ab. Die Phalangenformel (Zahl der Finger- bzw. Zehenglieder vom ersten bis zum fünften Strahl) — bei den Stegocephalen, wo in der Hand der erste Strahl oft gefehlt zu haben scheint, ziemlich schwankend — wird auf 2, 3, 4, 5, 3 bzw. 2, 3, 4, 5, 4 festgelegt (Abb. 14 u. 15).

3. Schreiten und Laufen.

Diese Lokomotionsformen, bei welchen der Körper (Rumpf) nicht auf der Unterlage aufruht, sondern mittels der Gliedmaßen (oder sonstiger Anhänge) über derselben fortbewegt wird, sind bei Evertebraten wenig entwickelt. Nur unter den *Annelida* und vor allem unter den *Arthropoda* begegnet man Bewegungsarten, die eine solche Bezeichnung verdienen, in nennenswertem Ausmaße (vgl. auch S. 22). Bei den Vertebraten hingegen sind Schreiten und Laufen zu den hauptsächlichsten Lokomotionsformen geworden. Hier hat sich auch der Gliedmaßenbau gegenüber den ursprünglichen Kriechformen merklich gewandelt. Der Brustschultergürtel wurde besonders in seinem ventralen Teil stark reduziert, es blieb nur der oft weiter rückgebildete Schultergürtel übrig. Die freien Gliedmaßen wurden (die vordere nach hinten, die hintere nach vorne) unter den Rumpf hereingedreht, statt des vierten Strahles wurde der dritte zum längsten in Hand und Fuß. Die Phalangenformel lautet im Regelfall 2, 3, 3, 3, 3 in beiden Extremitäten (so bei Schildkröten außer *Trionychidae, Theriodontia, Mammalia* (= Säugetiere). Im einzelnen gibt es wieder mannigfache Varianten, und vielfach gewährt deren zeitliche Aufeinanderfolge wertvolle lebensgeschichtliche Aufschlüsse.

Schreiten. Stammesgeschichtlich gesehen, ist das Schreiten primitiver als das Laufen. Es ist eine eher langsame Fortbewegung, wobei Hand und Fuß mehr oder weniger ganz auf den Boden aufgesetzt werden (Plantigradie = Sohlengang). Fünf Finger und Zehen sind die Regel, Daumen (Pollex) und Großzehe (Hallux) stehen meist etwas ab und gewährleisten auch ein gewisses Greifvermögen, welches in der Hand durch die Drehbarkeit des Radius (Speiche) gegenüber der Ulna (Elle), weniger im Fuß durch die viel geringere Drehbarkeit der Fibula (Wadenbein) gegenüber der Tibia (Schienbein) unterstützt wird. Heute ist diese Lokomotionsart vor allem bei den auch sonst recht altertümlichen *Marsupialia* (Beuteltiere) und *Insectivora* (Insektenfresser) vertreten. Der Theriodontier *Cynognathus* (Trias Südafrikas) und manche alttertiäre Säugetiere der verschiedensten Ordnungen dürften sich ebenfalls vorwiegend schreitend bewegt haben.

Laufen. Aus dem Schreiten hat sich allmählich das Laufen entwickelt, indem Hand und Fuß mit immer kleineren Teilen der Sohlenfläche, schließlich nur mit den Finger- bzw. Zehenspitzen aufgesetzt wurden und gleichzeitig das Bewegungstempo sich steigerte. Aus der Plantigradie gingen über verschiedene Zwischenstufen wie die Semiplanti- und Semidigitigradie (Halb-Sohlen- und Halb-Fingergang) schließlich die Digitigradie, der Finger- oder Zehengang, bzw. die Unguligradie, der Hufgang, hervor (Abb. 16 a). Die seitlichen Zehen, welche infolge der Aufrichtung zum Zehengang wegen ihrer Kürze den Boden nicht mehr berührten, verfielen der Rückbildung; das Greifvermögen, die Fähigkeit, die

Beine, besonders Vorderbeine, auch in seitlicher Richtung zu bewegen, schwanden, und da mit der Beschränkung der Bewegung auf eine Hauptrichtung parallel zur medianen Symmetrieebene des Körpers, mit der Reduktion des Daumens auch die für die Dreh- und Greifbewegung bedeutsame Zweizahl der Knochen in Unterarm und Unterschenkel ihre Aufgabe einbüßte, wurden Ulna und Fibula mehr oder weniger rudimentär (= rückgebildet, verkümmert), wobei jedoch von der Ulna das am Ellbogengelenk maßgeblich beteiligte Proximalende stets erhalten blieb und mehr oder weniger weitgehend mit dem Radius verschmolz. Auch sonst traten in den Länge- und Stärkeverhältnissen der Gliedmaßenknochen Veränderungen ein: bei richtigen Läufern sind Oberarm und Oberschenkel kürzer als Unterarm und Unterschenkel (bei Schreitern dagegen mehr oder weniger gleich lang), die Metapodien stark verlängert, die ganzen Tiere also hochbeiniger. In Carpus und Tarsus (Hand- und Fußwurzel) kommt es zu Verschmelzungen und Verkeilungen, die Führung von Gelenken wird durch betonte Rolleisten (z. B. „Laufkiele") gegen Luxationen (Verrenkungen) geschützt usf. Verschiedene Ausbildungswege der Digitigradie werden durch die normale und „inadaptive" (= nichtanpassungsgemäße) Reduktion der Seitenzehen — bei dieser (s. S. 75) blieben von den seitlichen Metapodien knopfförmige Rudimente übrig, die bei den betreffenden ausgestorbenen Huftieren die Sehnen am Gleiten behindert haben müssen —, vor allem aber durch die Mesaxonie und Paraxonie bezeugt. Dort wurde der dritte Strahl zum Haupt- oder alleinigen Träger der Körperlast, das Endstadium ist die Einzehigkeit; das Sprungbein (Astragalus) mit einseitiger Gelenkrolle = nur am tibialen Ende (*Mesaxonia* = *Perissodactyla* oder Unpaarhufer u. a., *Proterotheriidae*, die gleich diesen erloschenen Urraubtiere aus der Gruppe der *Pseudocreodi* u. a.). Hier teilten sich der dritte und vierte Strahl als Haupt- oder einzige Zehen in die Trägerfunktion, das Endstadium ist zweizehig; Astragalus mit doppelter Gelenkrolle, auch gegen das Centrale tarsi bzw. mit ihm ein Rollgelenk bildend (*Paraxonia* = Paarhufer, *Eucreodi*, lebende Raubtiere u. a.); bei den *Paraxonia* oft ein „Kanonenbein", d. h. drittes und viertes Metapodium mehr oder weniger weitgehend verschmolzen. Indes sind beide Typen nicht völlig scharf voneinander getrennt, denn bei einigen fossilen Huftieren (z. B. *Anthracotherium*) kann man gewisse Zwischenstufen beobachten.

Sekundäre Plantigradie. Aus mehr oder weniger digitigraden Formen sind aber auch — meist infolge starker Größen- bzw. Gewichtszunahme — neuerlich plantigrade hervorgegangen. Fossil läßt sich das mit Sicherheit dort erschließen, wo zwar die Gelenkverhältnisse zwischen Unterarm und Hand bzw. Unterschenkel und Fuß sowie andere Kriterien eindeutig auf Plantigradie hinweisen, aber die Finger- bzw. Zehenzahl, die Längenstärkeverhältnisse oder Verschmelzungen zwischen den einzelnen Hand- und Fußknochen von den bei Plantigradie üblichen merklich abweichen. Bekannte Beispiele sind unter den Beuteltieren der lebende Wombat (*Phascolomys*) und das plistozäne *Diprotodon* mit dem fünften Strahl als stärkstem, reduziertem Hallux und anderen Anomalien; unter den Notungulaten, einer ausgestorbenen Huftiergruppe, das miozäne *Nesodon* mit nur drei Zehen u. a. Auch die plantigraden Bären dürften (wegen der Längestärkeverhältnisse der Metapodien, der Wölbung des Handskelettes, der Verschmelzung von Radiale, Intermedium und Centrale carpi, der Stellung dieses Knochens) kaum zu den primären Sohlengängern zu zählen sein.

Pseudoplantigradie. Der Elefant, das Lama u. a. könnten wegen ihrer umfangreichen Sohlenfläche leicht für plantigrad gehalten werden. Indessen berühren, wie Schnitte durch die Extremitäten lehren (Abb. 17), nur die Zehenspitzen den Boden. Wieder bezeugt die reduzierte Zehenzahl (Lama) oder die Rückbildung der Phalangen (Elefant) den sekundären, wohl gleichfalls mit Größen- und Gewichtszunahme zusammenhängenden Erwerb dieser Fuß- und Gangform (vgl. Abb. 16 b mit Abb. 16 a). Beim Elefanten ist es bis zu richtigen Säulenfüßen und einem Säulengang gekommen, die voll entwickelte Ulna ist hier stärker als der Radius. Auch einige große und schwere fossile Ungulaten (Huftiere) dürften eine Art Säulengang besessen haben, und ähnliche Fußbildungen begegnen uns ferner bei den sauropoden Dinosauriern.

Extremitätenformen, wie oben beschrieben, finden wir dann

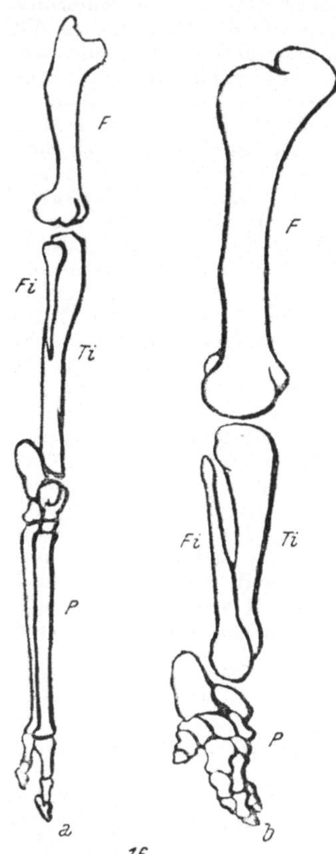

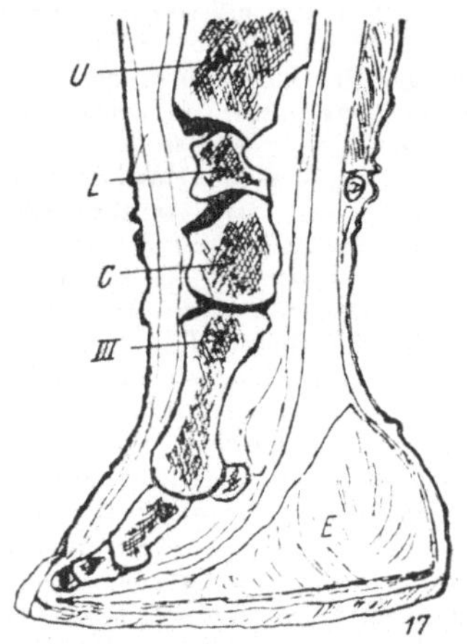

Abb. 16. Hintergliedmaßenskelett eines digitigraden Läufers (a) und eines pseudoplantigraden Säulengängers (b), schematisch. Beachte die unterschiedlichen Längen- und Stärkenverhältnisse im Ober- und Unterschenkel (F = Femur, Oberschenkel; Ti = Tibia und Fi = Fibula, Unterschenkel) sowie im Bereiche des eigentlichen Fußes (P), ferner dessen aufrechte Stellung und die Schwäche bzw. Rückbildung der Fibula. (Nach Osborn 1938, vereinfacht.)

Abb. 17. Längsschnitt durch die Hand eines indischen Elefanten, *Elephas maximus L.*, zur Veranschaulichung der Lage der Knochen zur Sohlenfläche. U = Ulna, L und C = Handwurzelknochen, III = Metacarpale 3, E = Elastisches Polster. Rezent. Verkleinert. (Aus O. Abel 1912.)

in reiner Ausbildung, wenn die vorwiegende Bewegungsart ein langsames Schreiten (Plantigradie, Pseudoplantigradie) oder ein schnelles Laufen ist (Digitigradie). Oft aber haben die Gliedmaßen in mehr oder weniger beträchtlichem Umfange noch anderen Aufgaben zu dienen (Schwimmen, Graben, Greifen usw.), und bei derart kombinierter Funktion gibt es dann dementsprechende Abweichungen. Eine weitere Variante stellt endlich die Fortbewegung bloß mit den Hinterbeinen dar (Bipedie = Zweibeingang, gegenüber Quadrupedie = Vierbeingang).

Bipedie. Die Bipedie ist stets eine abgeleitete, spezialisierte Lokomotionsform. Für den Menschen bezeugt dies die normale Quadrupedie seiner nächsten Verwandten; vor allem aber die Tatsache, daß die Form seiner Bipedie eine unverkennbar sekundäre und beiläufige Plantigradie ist (Großzehe die stärkste und, wenigstens im adulten = erwachsenen Zustand, meist längste Zehe. Fußgewölbe usw.); nicht zuletzt aber auch der aus Femurform und Kniegelenk u. a. zu erschließende, (noch) nicht vollkommen aufrechte Gang des Urmenschen (Neandertalers). Mit der Bipedie des Menschen stehen bekanntlich seine aufrechte Körperhaltung, die S-förmige Krümmung der Wirbelsäule, die weit seitlich ausladenden Beckenschaufeln u. v. a. in Beziehung. Die mehr oder weniger gelegentliche Bipedie der Menschenaffen oder Anthropomorphen (Gorilla, Gibbon) erfolgt in anderer Weise als beim Menschen; es sind dies zwar unvollkommene, nicht aber der menschlichen historisch vorangegangene Formen der Bipedie.

Biped, u. zw. in einer der obigen im ganzen nicht unähnlichen Weise, war auch die ausgestorbene Gravigraden-(Riesenfaultier-)Gattung *Mylodon*. Hingegen ist die Bipedie der Vögel nicht mit einer Form der Plantigradie verbunden, sondern als eine Art Digitigradie zu bezeichnen. Ebenso ist auch die bei manchen Dinosauriern vorkommende Bipedie zu bewerten. In diesen Fällen ist die Bipedie entweder von einer Funktion der Vordergliedmaßen als Lokomotionsapparate in der Luft bzw. im Wasser (Flug- bzw. Schwimmvögel, ein Teil der Flugsaurier) oder deren mehr oder weniger weitgehender Rückbildung begleitet (Laufvögel, Dinosaurier). Für Vögel wie für Dinosaurier ist die feste Verbindung oder Verschmelzung des Protarsus (proximale Reihe der Fußwurzelknochen) mit der Tibia zu einem Tibiotarsus und der Mesotarsalia (distale Fußwurzelknochen) mit den Metatarsalia (Mittelfußknochen) kennzeichnend; bei den Vögeln geht das so weit, daß im Regelfalle die Elemente des Mesotarsus und Metatarsus (distale Reihe der Fußwurzelknochen und Mittelfuß) zu einem einzigen Knochen, dem Tarsometatarsus, verschmelzen. Bei Vögeln wie bei bipeden Dinosauriern pflegt ferner die dritte Zehe die längste zu sein, doch ist die Phalangenzahl der vierten Zehe größer geblieben.

Sekundäre Quadrupedie. Gewisse Dinosaurier sind, wohl im Zusammenhang mit einer durch Größenzunahme wie Panzerbildung bedingten Gewichtsvermehrung, neuerlich quadruped geworden. Ihre Vorderbeine sind gegenüber den Hinterbeinen schwächer und kürzer als bei normalen Quadrupeden, und im Becken treten Umbildungen auf, die zu einer Annäherung an den für normal quadrupede Dinosaurier kennzeichnenden, allerdings auch bei manchen bipeden *(Saurischia)* zu beobachtenden Zustand führen.

4. Springen.

Bei Evertebraten selten (z. B. Heuschrecke und andere *Arthropoda* — auch vereinzelte Muscheln, wie *Cardium*, und Schnecken können mittels des Fußes Sprünge ausführen)—, ist es bei Vertebraten weiter verbreitet. Man kann es hier als eine Form der Bipedie auffassen, bei der beide Hinterbeine gleichzeitig vom Boden abgehoben werden. Springen und Hüpfen sind Formen mehr oder weniger rascher Fortbewegung in den Zweigen von Bäumen und Sträuchern, ebenso aber auf freiem Gelände (Steppen, Wüsten). Die Anpassungen an das Springen sind bei gewissen gemeinsamen Zügen (außer Ober- und Unterschenkel noch ein dritter verlängerter Abschnitt, vgl. Läufer) im einzelnen teils wegen verschiedener Kombinationen mit anderen Funktionen, teils wegen der ungleichen Vorgeschichte recht wechselnd, wie die Zusammenstellung einiger Beispiele zeigt.

Frosch: Fuß größer als Hand; Calcaneus (Fersenbein) und Astragalus bilden den dritten langen Abschnitt; vierte Zehe am längsten; kein Schwanz; Spring- und Schwimmfuß.

Koboldmaki *(Tarsius spectrum)*: Fuß- und Handgröße w. o.; Calcaneus und Naviculare (Kahnbein = centrale tarsi) stark, Astragalus wenig verlängert; vierte Zehe am längsten; langer Schwanz. Einige fossile Halbaffen mit ähnlichen, doch geringergradigen Anpassungen (Abb. 18).

Känguruh: Fuß- und Handgröße w. o.; Metatarsalia verlängert; funktionell dreizehig, u. zw. vierte Zehe (am längsten), zweite und dritte (zusammen wie eine Seitenzehe wirkend, während eines arboricolen = baumbewohnenden Vorstadiums rückgebildet), erste Zehe fehlend; langschwänzig.

Alactaga und *Dipus* (Rodentia = Nagetiere): Fuß- und Handgröße w. o.; Metatarsalia II. bis IV. verlängert und zu „Kanonenbein" verschmolzen; funktionell dreizehig (erste und fünfte Zehe mehr oder weniger rudimentär) oder im Begriff zweizehig zu werden (auch dritte Zehe in Rückbildung, schwächer als zweite und vierte); langschwänzig.

Scleromochlus (kl. triassisches Reptil aus der Verwandtschaft der Dinosaurier): Fuß- und Handgröße w. o.; Metatarsalia verlängert; vierte Zehe am längsten, fünfte rudimentär —= funktionell vierzehig; langschwänzig.

Viele Vögel: Hand (Flügel!) meist größer als Fuß; Tarsometatarsus verlängert; dritte Zehe am längsten; s. S. 27.

5. Klettern.

Das Klettern stellt eine Fortbewegung auf einer von der Waagrechten abweichenden, mehr oder weniger geneigten und oft unebenen Unterlage (Felsen, Geäst) dar, wobei der Körper vor-(auf-, ab-)wärts gezogen oder auch geschwungen wird. Unter den Evertebraten besitzen z. B. manche Insekten, Krabben und Seeigel eine Art von Klettervermögen, aber kaum besondere Kletteranpassungen; ein gleiches gilt z. B. für die Fischgattung *Periophthalmus* (s. S. 22). Unter den Vertebraten gibt es gewandte und vorwiegende Kletterer in erheblicher Anzahl und dementsprechend wieder man-

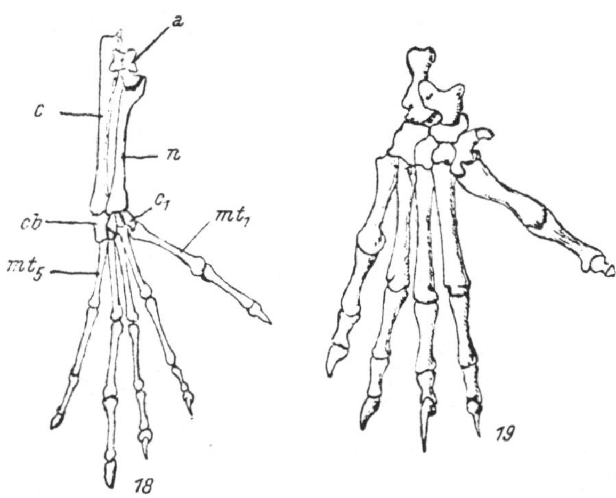

Abb. 18. Skelett des (rechtsseitigen) Springfußes eines sog. Halbaffen, *Tarsius spectrum* Geoffr. a = Astragalus, c und n die beiden verlängerten Fußwurzelknochen Calcaneus und Naviculare (= Centrale tarsi), c₁ und cb = weitere Fußwurzelknochen, mt₁ und mt₅ = Metatarsale 1 und 5. Rezent. Fast nat. Gr. (Nach O. Abel 1912.)

Abb. 19. Skelett des rechten Fußes einer Beutelratte, *Didelphis marsupialis* L. Die abstehende Großzehe verrät die Greif- bzw. Kletterfähigkeit. Rezent. (Nach O. Abel 1912.)

nigfache Formen der Anpassung. Man kann die folgenden, nicht immer scharf gegeneinander abgrenzbaren Arten des Kletterns unterscheiden:

Haftklettern. Haftscheiben an Händen und Füßen oder die ganze Sohle bildet ein Haftorgan, indem der Sohlenrand an die Unterlage angepreßt wird und unter der Sohlenmitte durch Nachlassen des Muskeldruckes ein luftverdünnter Raum entsteht. Auf Felsen und im Geäst. *Tarsius,* Gecko, Frösche bzw. *Hyrax* (Klippschliefer). Fossil wegen Mangel der Weichteile kaum nachweisbar.

Krallenklettern. Anhaken ohne Umklammern der Zweige. Kräftige bis stark gekrümmte Krallen und dementsprechend gestaltete Endphalangen. Viele *Carnivora* (Raubtiere), Eichhörnchen, Fledermäuse; Flugsaurier; der Urvogel *Archaeopteryx* hatte am Flügelskelett noch drei freie Krallen zum Klettern wie heute der Vogel *Opisthocomus* in früher Jugend; Spechte sind Krallenkletterer, wenn sie sich auf den Stämmen der Bäume bewegen.

Greif- oder Zangenklettern: Hand oder Fuß oder beide greifen durch Gegenüberstellung eines Teiles der Zehen zu den übrigen (Abb. 19); Greiffuß der meisten Vögel (nur selten sind alle vier wohlentwickelten Zehen — erste bis vierte — nach vorwärts gerichtet); meist bilden die gegen vorne gewendeten Zehen (zweite bis vierte) die eine Hälfte der Zange, während die andere von der rückwärts gelagerten ersten Zehe dargestellt wird; bei Spechten zweite und dritte Zehe vorne, vierte hinten, erste wechselnd (Wendezehe). *Chamaeleo* mit Greifhand und Greiffuß, Zangenhälften aus erstem bis drittem und viertem bis fünftem bzw. erstem bis zweitem und drittem bis fünftem Strahl gebildet; Verwachsungen in Carpus und Tarsus. Beim Kletterfrosch *Phyllomedusa* und beim Halbaffen *Perodicticus* Zangenhälften aus viertem und fünftem bzw. erstem Strahl bestehend, bei Rückbildung des zweiten und dritten u. a. m. Nicht alle Kombinationen sind historisch oder auf andere Weise eindeutig erklärbar; doch scheint mitunter eine Beziehung zur Körperachsenstellung zu bestehen (bei Körperachse senkrecht bzw. parallel zur Zweigachse erster Strahl dem dritten bzw. vierten gegenübergestellt).

Verlust des Klettervermögens (z. B. Laufvögel, wie bereits der eozäne *Diatryma*, große Dinosaurier. wie *Allosaurus*) führt zu Reduktion und Aufwärtsrücken des Hallux.

Hängeklettern der **Baumfaultiere**: Körper mittels hakenförmig die Äste umgreifender, stark gekrümmter Krallen bzw. an diesen herabhängend bewegt: Oberarm- und Unterarmknochen stark verlängert, Verschmelzungen von Hand- und Fußknochen; bei obiger Haltung, die auch Ruhestellung, Bauch gegen oben, Rücken gegen unten gekehrt; hiermit stehen der Verlauf der Haare (vom physiologisch dorsalen Bauch zum physiologisch ventralen Rücken (vgl. S. 12) und wohl auch die Abweichungen von der für Säugetiere typischen Siebenzahl der Halswirbel in Verbindung.

Schwingklettern vieler **Affen**: Körper wird von Ast zu Ast geschwungen, Finger (mit Krallen) bilden Haken (unter Rückbildung des Daumens), Zehen meist Greiffuß. Die Vorfahren des Menschen können kaum ein ausgesprochenes, länger währendes Schwingkletterstadium durchlaufen haben, da noch bei den heutigen Menschen der Daumen wohlentwickelt ist; das spricht für eine frühe (schon jungtertiäre) Abspaltung der zu den Hominiden (Menschen) führenden Stammeslinie.

6. Fliegen.

Wie das Schwimmen die Hauptart der Bewegung durch das Wasser darstellt, ist es das Fliegen für die Bewegung durch den Luftraum. Es erfolgt wesentlich aktiv, seltener passiv, ähnlich einem Herabspringen. Doch ist es, zumindest vielfach, aus einem solchen hervorgegangen, indem vorerst besondere Einrichtungen (verlängerte Haare, Flughäute, s. u.) den mehr oder weniger senkrechten Fall bzw. steilen Sprung in einen mehr oder weniger gleitenden Flug abwandeln ließen. Bei Insekten wie bei allen Stämmen der Wirbeltiere auftretend, ist das Fliegen stets eine sekundäre Bewegungsart, und da es kaum Formen gibt, die sich ununterbrochen im

Luftraum aufhalten, kaum je ausschließliche Lokomotionsform. Trotzdem dienen die Flugorgane nur selten auch anderen Bewegungsformen (z. B. Schwimmen), und nur ausnahmsweise sind aus ihnen nach Verlust des Flugvermögens unter
mehr oder weniger reinem Funktionswechsel, d. h. ohne tief-
greifende Umgestaltung, Werkzeuge für andere Bewegung geworden (Pinguin, s. S. 18 u. 20). Hingegen sind sie selbst gelegentlich unter mehr oder weniger reinem Funktionswechsel
Flugwerkzeuge geworden (Flughäute aus Schwimm- bzw. Grab-
häuten bei Flugfröschen). Im einzelnen wechseln Bau und
Form, Haltung, Beweglichkeit und Bewegungstempo der Flugorgane sehr und mit ihnen auch Flugart und Flugvermögen;
doch sind, soweit wir wissen, in der Vorzeit keine aus der
Jetztzeit unbekannten Flugformen vorgekommen.

Aus dem Kreise der Insekten wären etwa Libelle, Käfer, Schmetterling und Fliege Beispiele für die eben erwähnten Verschiedenheiten
aus der Gegenwart. Über den Flug der fossilen Insekten vermögen wir,
weil sie nur ausnahmsweise (z. B. im alttertiären Bernstein des Samlandes) entsprechend überliefert sind, nur wenig auszusagen; indessen
deuten bestimmte Befunde auf ein beschränkteres Flugvermögen der urtümlichsten und ältesten Formen hin.

Bei den Wirbeltieren lassen sich mehrere, nicht immer scharf
gegeneinander abgrenzbare und mitunter nebeneinander ausgeübte Flug-
arten unterscheiden. Ein Ding für sich ist das **Fliegen der Flugfische.**
Diese können sich schräg aus dem Wasser emporschnellen und, mit ihren
sehr stark vergrößerten, mehr oder weniger horizontal ausgebreiteten
Brustflossen (Pectorales) als Tragflächen in parabolischer Bahn auf beträchtliche Länge hin durch die Luft bewegen. Vermutlich ist dieser,
wohl als passiv zu bewertende Flug, aus der Jagd auf Insekten über der
Wasseroberfläche hervorgegangen. Rezent in wärmeren Meeren *Exo-
coetus, Dactylopterus* u. a.; fossil *Thoracopterus* und *Gigantopterus* aus
der Trias von Lunz.

Der **Fallschirmflug** ist gleichfalls ein passiver Flug (= mehr oder
weniger ohne Bewegung der Flugorgane). Er führt nicht empor, sondern
— wenn auch unter nur langsamem Höhenverlust — stets abwärts. Ein
Vor- oder Frühstadium zeigt *Sciurus* (Eichhörnchen), wo nur die verlängerten Haare des beim Sprung vom Körper abstehenden Schwanzes den
Weg durch die Luft zu einer Art Flug werden lassen. Sonst sind Haut-
falten (Flughäute oder Patagien), u. zw. in wechselnder Kombination, als
Tragflächen entwickelt: Wir unterscheiden: Propatagium (zwischen Hals
und Vorderbein, Plagiopatagium (zwischen Vorder- und Hinterbein).
Uropatagium (zwischen Hinterbein und Schwanz), Chiropatagium (zwischen den Finger- und Zehenstrahlen). Heute gibt es solche Fallschirm-
flieger unter den Affen (*Colobus, Propithecus* u. a.), Nagetieren (z. B.
Pteromys), Beuteltieren *(Acrobates, Petauroides, Petaurus);* auch *Galeo-
pethicus* gehört hierher sowie der Flugfrosch *Racophorus;* bei ihm sind
die Flughäute (Chiropatagien) kaum modifizierte Schwimm- bzw. Grab-
häute (s. o.). Ein Fallschirmflug mit durch verlängerte, mehr oder weniger schräg seitlich abstehende Rippen gestütztem Plagiopatagium und

kombiniert mit ballonförmiger Auftreibbarkeit des Körpers durch Luftaufnahme ist der sogenannte **Fallballonflug** der Lacertilier-(Eidechsen-)gattung *Draco*.

Aus dem Fallschirmflug dürfte herzuleiten sein der **Flatterflug** der Fledermäuse, des aufsteigenden Rebhuhns, des Flugsauriers *Pterodactylus* u. a.; er ist die unvollkommenste Form aktiven Fliegens und wohl auch die ursprünglichste. Wo er bei rezenten Formen allein ausgeübt wird oder vorherrscht, finden wir kurze und breite Flügel oder Flughäute. Aus ihm sind weitere Flugformen hervorgegangen. Einmal unter außerordentlicher Steigerung des Bewegungstempos der kurzen Flügel der **Schwirrflug**, das Extrem des aktiven Fluges (z. B. K o l i b r i, Schwanzsteuer kurz); dann unter Minderung d. h. zeitweisem bzw. völligem Aussetzen der Flügelschläge, die sekundären Formen des passiven Fluges: einerseits der **Drachenflug**, wie ihn der abstreichende Fasanhahn tätigt, wie ihn neben dem Flatterflug wohl auch *Archaeopteryx* auszuüben vermochte und der Flug-(Ptero-)saurier *Rhamphorhynchus* vollendet beherrschte (Flügel kurz, meist eher schmal, Schwanzsteuer lang oder sekundär verlängert); anderseits der **Segelflug** der Schwalbe (Flügel schmal und verlängert, Flügelschläge mitunter aussetzend, Schwanzsteuer kurz) und weiter (unter fortschreitender Verlängerung der Flügel bzw. Minderung der Flügelschläge) der **Schwebeflug** des Lämmergeiers und schließlich der **Gleitflug** des Albatros. Auch der riesige Pterosaurier *Pteranodon* muß ein Schwebe- bzw. Gleitflieger gewesen sein. Bei solchen vollendeten Fliegern treten auch noch andere Fluganpassungen deutlich in Erscheinung, wie die Pneumatizität der Knochen, die Ausbildung eines Schulterbeckens (Notarium) u. a. m.

7. Graben (Bohren, Ätzen) und Wühlen.

Bei diesen Lokomotionsformen gehen Bewegungen in den Boden hinein (Aufgraben zur Nahrungssuche) und die Fortbewegung innerhalb desselben ohne scharfe Grenze ineinander über. Das eigentliche **Graben** ist im Tierreich weitverbreitet und wird mit allerlei Grabwerkzeugen (Grabbeine, -krallen, -stachel, -schnauzen usw.) in Böden verschiedenster Konsistenz und auf sehr wechselnde Weise ausgeführt. Oft hat es außer der Ausbildung von Grabwerkzeugen die Rückbildung der Augen, bei Säugern auch des äußeren Ohres, die besondere Entwicklung gewisser Muskeln und ihrer Ansatzstellen sowie manche andere Anpassungen zur Folge. Bei sehr festem Substrat (Holz, Stein) hat man vielfach richtiger von einem **Bohren** oder, wenn das Substrat nicht nur auf mechanischem Wege, sondern unter Beteiligung von Drüsensekreten entfernt wird, von einem **Ätzen** zu sprechen.

Unter den E v e r t e b r a t e n graben viele Arthropoden mit kaum bis deutlich zu Grabwerkzeugen ausgestalteten, d. i. kräftigen und eine große Schaufelfläche bildenden Beinen (z. B. Krebse, Krabben, Maulwurfsgrille, vermutlich auch manche fossile Trilobiten) oder mit ihren Mundwerkzeugen (Fraßgänge von Insektenlarven). Vielfach sind die Anpas-

sungen freilich gering (Graben bzw. Einwühlen in weichen Boden) oder
nicht eindeutig (Augenrückbildung), so daß die Analyse fossiler Formen
oft schwierig ist. Andere haben Grabstachel am Hinterende (*Limulus,*
manche Trilobiten und Gigantostraken, s. S. 64). Auch bei Cephalopoden
kommen derartige Bildungen vor, die dem Eingraben nach rückwärts
dienen (*Sepia,* Belemniten usw.). Viele Seeigel können mit Hilfe ihrer
Stacheln sich teilweise oder ganz in Sand oder Schlamm einwühlen, und
Form, Bewegungsart wie Stellung der Stacheln bzw. Stachelwarzen sind
neben bestimmten Eigenschaften des Gehäuses wichtige Kennzeichen, die
mitunter auch an fossilen Resten feststellen lassen, ob und wieweit sich
die betreffenden Formen eingegraben haben. Andere Seeigel vermögen
sich im harten Fels Wohnhöhlen zu dauerndem Aufenthalt zu schaffen.
Eine unterirdische Lebensweise ist ferner vielen Muscheln eigen. In lok-
kerem Boden wie in festem Holz oder Gestein vermögen sie gleich gewandt zu graben bzw. zu bohren und zu äßen. Die Einbuchtung der sogenannten Mantellinie, welche der verstärkten Siphonalmuskulatur Raum
schafft, die Rückbildung des Schlosses, das rückwärtige Klaffen der
meist zarten Klappen sind einige der häufigsten und fossil nachweis-
baren Anzeichen hierfür. Auch bei den Schnecken, besonders wieder den
marinen, begegnet man grabenden, bohrenden und äßenden Formen; hier
ist u. a. die kanalförmig verlängerte (siphonostome) Gehäusemündung
vielfach ein Kennzeichen grabender Lebensweise.

Im Bereiche der Wirbeltiere sind unter den Fischen Formen zu
finden, die, ähnlich manchen Cephalopoden, sich mit Hilfe von Flos-
sen und Rostrum einzugraben vermögen; doch ist das Rostrum hier ein
Fortsaß am Schnauzenende und das Einwühlen erfolgt in der normalen
Bewegungsrichtung. Bei den Tetrapoden ist eine Fülle verschiedener
Anpassungsgrade und Anpassungsformen an das Graben zu verzeichnen,
dagegen ist den Vertebraten ein Bohren und Äßen fremd. Mächtige, den
Knochen förmlich verunstaltende Muskelleisten am Humerus, gewaltige
Scharrkrallen an den Endphalangen, verkürzte, zur besseren Führung an
den Endflächen oft keilförmig ineinandergreifende Grund- und Mittel-
phalangen, mitunter auch eine Verhornung bzw. Verknöcherung der Haut
(Panzerbildung), keilförmige Schnauzen, rückgebildete Augen sind kenn-
zeichnende, aber keineswegs immer gleichzeitig auftretende Merkmale.
Und in weitem Ausmaße schwankt auch die Art des Grabens. Der Maulwurf (*Talpa,* Abb. 20), welcher mit seinen schaufelförmigen, durch einen
überzähligen Knochen (os falciforme) besonders verbreiterten Händen in
weichem Boden gräbt, repräsentiert, auch mit seinen verkümmerten
Augen, seiner keilförmigen Schnauze usw., einen Typ von Grabformen
in extremer Prägung. Im ganzen Habitus gleichen ihm weitgehend der
Beutler *Notoroyctes,* der wie *Talpa* selbst zu den *Insectivora* gehörige
Chrysochloris, der Nager *Siphneus* u. a., doch graben sie in härteren Böden, ihre Hände sind schmäler und zerschneiden mehr mit ihren scharf-
randigen Krallen als sie schaufeln. *Myrmecophaga,* der Ameisenbär, lebt
nicht unterirdisch, sondern bricht, mit seinen Händen (im Gegensaß zum
Maulwurf u. a.) von außen nach innen arbeitend, die harten Termiten-
bauten auf; eine eigenartige Haltung der Hand sowie ungewöhnliche
Längenstärkenverhältnisse der Finger u. a. m. stehen damit in Verbindung, desgleichen das Aufseßen der Hand beim Schreiten mit dem ulna-
ren Rande und nach innen zurückgebogenen Krallen. Die gleich *Myrmecophaga* zu den *Xenarthra* zu rechnenden ausgestorbenen, Riesenfaultiere (*Gravigrada*) haben zwar faultierartiges Gebiß und ebensolchen

Schädel, ihre Extremitäten zeigen aber trotz gewisser Besonderheiten so unverkennbar denselben Grundtyp wie beim Ameisenbären, daß die Annahme einer diesem ähnlichen grabenden Vorstufe zwingend erscheint. Die ebenfalls zu den *Xenarthra* zählenden Gürteltiere *(Hicanodonta)* sind bepanzerte Grabtiere mit teils unterirdischer, teils aber gleich *Myrmecophaga* oberirdischer Lebensweise; einige graben überhaupt nicht mehr und laufen — vgl. den Unterschied gegenüber dem Ameisenbären. s. o. — auf den Krallenspitzen des zweiten und dritten Fingers (im Vorderbein); ebenso müssen die ausgestorbenen Riesengürteltiere *(Glyptodontidae)* die grabende Lebensweise, auf welche die Ausbildung eines

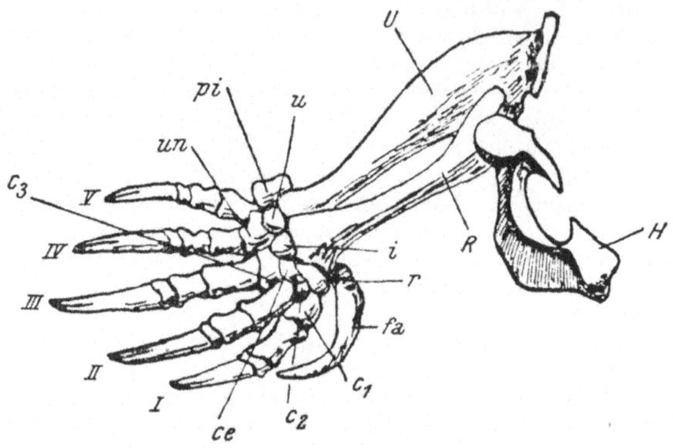

Abb. 20. Skelett der (rechtsseitigen) Grabhand des Maulwurfs, *Talpa europaea* L. Die starken Muskelleisten am Humerus (H) und am Oberende der Ulna (U), die Breite der Hand, die Länge der Krallenphalangen, das Os falciforme (fa) u. a. m. sind typische Grabmerkmale. Ce = Centrale carpi, un = Carpale 4 + 5, die übrigen Abkürzungen wie in Abb. 13 und 15. Rezent. Fast $^2/_1$ nat. Gr. (Nach O. Abel 1912.)

Panzers vielfach zurückzugehen scheint (vgl. auch Schildkröten u. a.), aufgegeben haben, denn ihre gewaltigen Körperausmaße verbieten die Vorstellung, daß sie subterrestrisch (= unterirdisch) gelebt haben.

Ähnlich wie bei Insektenlarven (s. S. 32) können auch bei Wirbeltieren Mundwerkzeuge, und zwar in diesem Falle Zähne, am Graben beteiligt sein, so beim Murmeltier die Nagezähne neben den Krallen, bei Schweinen die Hauer neben dem Rüssel. Hier ist also nicht nur wie fast immer eine Kombination von Graben und anderen Bewegungsarten (Graben und Schreiten oder auch Graben und Schwimmen, z. B. beim Schnabeltier *Ornithorhynchus* oder bei der Eidechsengattung *Palmatogecko*, wo die Schwimmhaut auch als Grabhaut fungiert), sondern eine solche von Grab- und Ernährungswerkzeug festzustellen.

Das **Wühlen** läßt sich als eine besondere Form grabender Lokomotion bewerten. Es ist gleichsam das unterirdische Gegenstück zu dem oberirdischen Schlängeln, also eine Bewegung länglicher, mehr oder weniger runder, gliedmaßenloser oder nur rudimentäre Beine tragender Körper in mehr oder weniger lockerem Substrat. Würmer und Schlangen, vermiforme (= wurmförmige) Fische und Eidechsen (Aale, Blindschleichen) gehören hierher, wohl auch einige Stegocephalen (s. S. 65). Wenn vorstehende Schuppen oder ein „Stemmschwanz" das Wühlen unterstützen (Schlangen der Familie der (Uropeltidae), könnte man auch von einem „Stemmwühlen" sprechen.

8. Schlußbemerkung.

Bei der Besprechung der Anpassungen an die Fortbewegungsart mußten naturgemäß die Gliedmaßen und sonstigen Lokomotionsorgane im Vordergrund stehen und auch da in erster Linie die am fossilen Material am ehesten feststellbaren Merkmale an den Hartteilen erörtert werden. Gelegentliche Hinweise, z. B. auf Muskulatur, Schnauzenform, Augen usw., bekundeten jedoch, daß auch die Weichteile funktionsgemäße Gestaltung zeigen, wie daß diese mitunter aus den Hartteilen erschlossen werden kann (Muskelentwicklung aus Ansatzstellen, Schnauzenform aus Schädelgestalt, Augengröße aus den Ausmaßen, Augenstellung aus der Lage der Augenhöhlen usf.), und ebenso läßt sich aus derartigen Hinweisen ersehen, daß nicht nur die Fortbewegungsorgane, sondern auch nur mittelbar mit der Lokomotion in Beziehung stehende Teile des Körpers in ihrer Gestaltung auf die Art der Lokomotion abgestimmt sind. Die bereits erwähnten Besonderheiten in der Halswirbelsäule der Baumfaultiere (s. S. 30), die ähnliche Wirbelform bei Fischen und den sekundär aquatischen Ichthyosauriern bzw. Walen (Wirbelkörper kurz, mehr oder weniger scheibenförmig und viel umfangreicher als die Wirbelbögen mit ihren nur wenig entwickelten Gelenkfortsätzen = Zygapophysen) sind nur einige dem Bereich des Achsenskelettes entnommene Beispiele.

C. Die Anpassungen an die Nahrungsweise.

Die Ernährung, ebenso Grundfunktion jeglichen Lebens wie Bewegung und Fortpflanzung — ja vielleicht noch mehr, weil Bewegung im Sinne von Lokomotion gleich der Fortpflanzung nicht allen Organismen zukommt, weil ferner z. B. Bewegung im allgemeinen und Lokomotion im besonderen vielfach der Nahrungssuche bzw. dem Nahrungserwerb dienen —, besteht aus zwei Komplexen von Vorgängen: aus dem

Aufsuchen, Finden und Ergreifen wie aus dem Zerkleinern und Verarbeiten der Nahrung. Beide sind nicht ganz scharf voneinander trennbar und ebensowenig sind es die ihnen entsprechenden Anpassungen, von denen wir im wesentlichen wieder nur die die Hartteile betreffenden, kaum aber die mit dem fast nie fossil überlieferten Magendarmtraktus in Verbindung stehenden betrachten wollen.

1. Aufsuchen, Finden, Ergreifen.

Dem **Aufsuchen** und **Finden** dienen — wie auch der Fortbewegung — die verschiedenen Sinnesorgane, über welche wir direkt (z. B. Augenbau bei Trilobiten, Gigantostraken usw.) wie indirekt (z. B. durch den an Gehirnausgüssen feststellbaren Entwicklungsgrad der zugehörigen Zentren, durch Augenhöhlengröße oder Merkmale der knöchernen Teile des Ohres wie seiner Umgebung) am Fossilmaterial nur beschränkte Erhebungen pflegen können; ferner (s. o.) Bewegungs- und Lokomotionsorgane. Wichtiger für uns sind jedoch jene Einrichtungen, welche vornehmlich das **Ergreifen** der Nahrung betreffen. Aus der Fülle der **Greiforgane** und **Greiffunktionen** seien die wesentlichsten herausgegriffen.

Die **Pseudopodien** der Protozoen, die **Flimmerepithelien** der Bivalven (Muscheln), Brachiopoden u. v. a., die **Fangtrichter, Fangschirme, Fangarme, Fangnetze,** wie sie bei Anthozoen (Korallen), Cephalopoden, Pelmatozoen (s. S. 65), Spinnen vorkommen und zum Teil von Skelettstücken aufgebaut (Arme der Crinoiden), zum Teil aus den umgebenden Hartteilen in ihrer Gestaltung ablesbar sind (z. B. gewisse Cephalopoden, s. u. b. Mikrophagie, S. 37), bilden da eine in sich schon sehr vielfältige Gruppe. **Fangbeine** treffen wir vor allem bei Arthropoden (Phyllopoden-Fanggerät, Rankenfüße der *Cirripedia* [s. S. 76], dem Ergreifen wie Zerkleinern dienen ferner die Krebsscheren und die Mundgliedmaßen der Insekten): als **Greifhände** oder **Greiffinger** kommen sie aber auch bei Wirbeltieren vor. (Greifhände beim vielfach biped-springenden Eichhörnchen, bei Primaten [= Herrentiere] — hier zugleich Kletterhände —, bei bipeden Dinosauriern — hier keine Greifzange, sondern Enterhaken aus den allein wohlentwickelten drei inneren Fingern —, ein dünner und langer Greiffinger zum Herausholen von Insekten aus mit den Vorderzähnen erzeugten Baumlöchern beim madagassischen Fingertier *Chiromys*). Von einem **Greifhals** kann man bei der Giraffe (mit sieben sehr stark verlängerten Halswirbeln) und beim Plesiosaurier Elasmosaurus (mit 76 normallangen Halswirbeln) sprechen, **Greiflippen** kommen vielen Huftieren zu, **Greifrüssel** und **Greifzunge** sind ebendort zu finden; diese dürfte — man kann das aus der Gestalt des Unterkiefervorderendes erschließen — auch beim Dinosaurier *Iguanodon* und beim Gravigraden *Mylodon* vorhanden gewesen sein.

Von den bisher genannten Greiforganen sind viele für das Erfassen großformiger Nahrung geeignet, andere, wie die Flimmerepithelien, das

Phyllopodenfanggerät, mancherlei Tentakelbildungen usf. strudeln mikroskopisch kleine Teilchen herbei oder filtern sie ab. Mitunter kann man auch an den Fossilien ausmachen, ob es sich um makrophage (griech. makros = groß, phagein = fressen) oder mikrophage (griech. mikros = klein) Tiere handelt. So wird die eigenartige Schalenmündungsverengerung gewisser Cephalopoden *(Nautiloidea,* s. S. 64, *Tetrameroceras, Hexameroceras)* als Hinweis auf Reduktionen von Armzahl und Armgröße wie auf Mikrophagie betrachtet, und ebenso sind wohl der Deckelsiebapparat der Hippuriten unter den Muscheln und der Richthofenien unter den Brachiopoden sowie das von ineinandergreifenden Schalenrandfortsätzen gebildete (bis zu einem gewissen Grad auch das durch Schalenzerschlitzung entstandene) Gitter anderer Brachiopoden zu deuten (soferne diese Einrichtungen nicht auch oder vornehmlich der Reinhaltung des Atemwassers von größeren Schlammteilchen dienen); auch die Barten der Bartenwale, die borstenförmigen, sehr langen und dünnen, ungemein dicht stehenden Zähne des Flugsauriers *Ctenochasma,* das ähnliche, aber minder extrem gestaltete Gebiß des permischen Reptils *Mesosaurus* stellen Seih- oder Filterapparate zum Auffangen kleiner oder kleinster Nahrungsteilchen dar.

2. Zähne und zahnartige Gebilde als Greif- und Zerkleinerungsapparate.

Von besonderer Bedeutung, und zwar für das Ergreifen wie das Zerkleinern der Nahrung, sind, zusammen mit der Form der Kiefer und des gesamten Vorderkopfes, die Zähne und ihnen ähnliche Bildungen. Speziell für die Zerkleinerung gibt es, wenn man von den neben dem Ergreifen oft auch dem Zerkleinern dienenden Beinen der *Arthropoda* (Krebsschere, kauende, beißende, saugende, stechende Mundgliedmaßen der Insekten) wie von wenigen sonstigen Fällen absieht, kaum gleich wichtige Werkzeuge. So finden wir denn Zähne und zahnähnliche Bildungen durchaus nicht auf die Wirbeltiere beschränkt, und wir finden sie verschieden gestaltet und verschiedenen Aufgaben gewachsen. Bald haben wir mehr oder weniger ein reines Fanggebiß vor uns, bald erfüllen die gleichen Zähne oder Gebißteile beiderlei Funktionen, bald sind Greif- und Kauzähne scharf geschieden und diese je nach der Art (Härte) der Nahrung wechselnd gestaltet. Zusammen mit der Kieferform, der Gestalt und Beweglichkeit des Kiefergelenkes sind sie so biologisch besonders aufschlußreich und daher bei ihrer guten Erhaltungsfähigkeit für die paläobiologische Analyse außerordentlich wertvoll.

Unter den Evertebraten treffen wir Zähne bzw. zahnartige Bildungen bei Anneliden (Zähne wie Kiefer, doch nicht die früher hierher gerechneten, jetzt als Bestandteile der Fischkiemenreusen erkannten „Cono-

donten"), Gastropoden (chitinöse, mit Zähnchen besetzte Radula, Kiefer-
platten) und Cephalopoden, wo u. a. auch die fossilen Nautiloideen hor-
nige, aber an der Spitze verkalkte und in diesem Abschnitte erhaltungs-
fähige Kiefer besaßen, während den Ammoniten solche (in Zusammenhang mit einer anderen Ernährungsart?) gefehlt zu haben scheinen. In
den als Zähne funktionierenden Spitzen der Mundplatten von *Asterozoa,*
in dem mit Zähnen bewehrten Kiefergerüst, der sogenannten „Laterne
des Aristoteles" der *Echinoidea* (Seeigel), welches nur bei den zum
Schlammfressen übergegangenen Spatangiden völlig rückgebildet wurde,
haben wir zahnartige Gebilde bei Echinodermen (Stachelhäutern) vor uns.
Am höchsten und typischsten entwickelt sind die **Zähne** bei den **Wirbeltieren.** Auf ihren histologischen Aufbau aus meso- und epidermalen An-
teilen (Dentin bzw. Schmelz), auf ihre ontogenetische Bildung (Schmelz-
leiste, Schmelzknospe bzw. Schmelzorgan), auf ihre **stammesgeschichtliche Herkunft** von mundeinwärts gewanderten, Hautzähnchen tragenden
Schuppen, wie sie die heutigen Elasmobranchier besitzen, auf die verschiedene Befestigung bzw. Einpflanzung (Implantation) in den Kiefern
(akrodont = auf dem Kieferrand, pleurodont = seitlich vom Kieferrand,
thecodont mit der Vorstufe prothecodont = in Zahnfächern oder Alveo-
len, mit typischen Wurzeln) kann hier nicht näher eingegangen werden. Hingegen ist es notwendig, der funktionellen Betrachtung noch Bemerkungen
über Zahnform, Zahnstellung und Kieferbewegung vorauszuschicken.
Zahnform und Zahnwechsel. Ursprünglich und daher bei den **niederen Vertebraten** vorherrschend ist ein Gebißtypus, der durch zahlreiche einfache, mehr oder weniger einspitzige, daher formgleiche und
höchstens größenverschiedene Zähne gekennzeichnet ist, die auf fast allen
die Mundhöhle begrenzenden Knochen, mehr oder weniger locker =
akrodont oder pleurodont befestigt, auftreten können und vielfach gewechselt werden. **Haplodontie, Homodontie, Polyphyodontie** (griech.
haploos = einfach, homos = gleich, polys = viel, phyein = wachsen,
odous = Zahn) werden die wesentlichsten dieser Eigenschaften genannt.
Demgegenüber ist der bei den **Säugetieren** dominierende Typ als abgeleitet zu bewerten. Begrenzte Zahl, unterschiedliche Form (Heterodontie
— griech. heteros = anders) der vorderen und hinteren Zähne (I = Inci-
sivi oder Schneidezähne, C = Caninus oder Eckzahn, P = Praemolares
oder vordere, M = Molares oder hintere Mahl- bzw. Backenzähne),
Thecodontie und Beschränkung auf die Kieferknochen (einmaliger Zahnwechsel, wobei die Milchschneidezähne [di], der Milcheckzahn [dc], die
Milchbackenzähne [dm] und die M genetisch der ersten oder laktealen
[lat. lac = Milch], die I, C und P der zweiten oder permanenten Dentition
[lat. dens = Zahn] angehören), sogenannte **Diphyodontie,** sind hier die
Haupteigenschaften[4]. Mancherlei Übergänge, rückläufige Entwicklungen

---

[4] Die einzelnen Zähne der verschiedenen Kategorien werden gewöhnlich von vorne nach hinten, die I von der Kiefermitte seitwärts gezählt.
I^1 ist der innere Schneidezahn der oberen, P4 der hinterste Prämolar der
unteren Zahnreihe, C sup. (= superior) ein oberer, C inf. (= inferior) ein
unterer Eckzahn. Die **Zahnformel** gibt die Zahl der Zähne pro Kiefer-
hälfte von den I bis zu den M an, z. B. $\frac{3,1,4,3}{3,1,4,3}$ (die ursprüngliche Zahnformel der plazentalen Säugetiere) bedeutet 3 I, 1 C, 4 P, 3 M im Ober-
gebiß (obere Reihe) wie im Unterkiefergebiß (untere Reihe) pro Kiefer-
hälfte, also insgesamt (Ober- und Untergebiß rechts und links) 44 Zähne.

mit Vereinfachung oder Rückbildung des Gebisses, machen die eben nur angedeutete Geschichte des Wirbeltierzahnapparates zu einer ebenso vielfältigen wie biohistorisch aufschlußreichen, zumal sich ja noch die Vielzahl der nicht-haplodonten (nicht-einspitzigen) Zahnformen u. a. m. hinzugesellt. An solchen unterscheiden wir (Abb. 21):

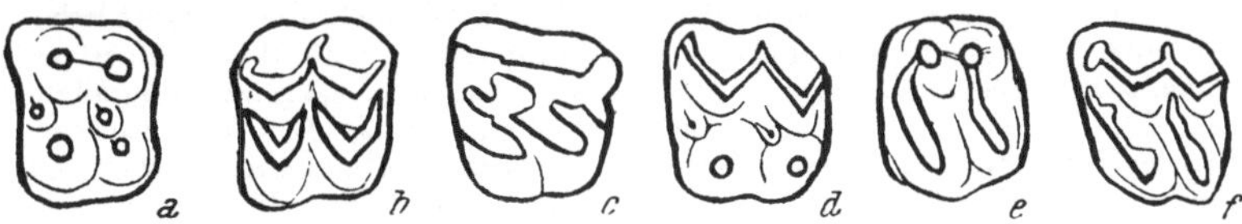

Abb. 21. Backenzahnformen bei Säugetieren (Huftieren).
a: bunodont, b: selenodont, c: lophodont, d: bunoselenodont,
e: bunolophodont, f: lophoselenodont. (Aus O. Abel 1924.)

Oligobunodont (griech. oligos = wenig, bunos = Hügel, Höcker): Zahnkrone mit wenigen, spitzen bis stumpfen Höckern; wahrscheinlich aus haplodont über ein dreispitziges Stadium mit trigonaler (= dreieckiger) Krone hervorgegangen; Ausgangsform der folgenden Typen.

Polybunodont: Zahnkrone vielhöckerig.

Lophodont (griech. lophos = Hügel, Kamm): Höcker reihenweise zu Leisten (Längs-, Quer-, Schrägjochen) vereinigt.

Selenodont (griech. selene = Mond): Höcker durch seitliche Leisten zu halbmondförmigen Jochen umgestaltet.

Als Zwischen- und Übergangsformen noch: **bunolophodont, bunoselenodont, lophoselenodont.**

Mit der Komplikation der Kronenformen (besonders mit der Jochbildung) ging oft ein Höherwerden der Zahnkronen Hand in Hand, es sind aus den **brachyodonten** (griech. brachys = niedrig) **hypsodonte** (griech. hypsos = Höhe) Zähne hervorgegangen.

Gegenseitige Zahnreihenstellung.

Isognath (griech. isos = gleich, gnathos = Kinnbacken, Kiefer): obere und untere Zahnreihe bei Kieferschluß (Occlusion) aufeinandergreifend.

Anisognath: Unterkieferzähne bei Occlusion etwas innerhalb der oberen.

Kieferbewegung.

Orthal (griech. orthos = aufrecht): mehr oder weniger senkrechte Bewegung, quergestellte Gelenkswalze; ursprüngliche Form bei den komplizierteren Gebißtypen; davon abgeleitet: **lateral:** starke bis vorwiegende seitliche Bewegungskomponente (z. B. Wiederkäuer, Gelenkskopf mehr rundlich) und **propalinal:** Bewegung besonders nach vorne und zurück. Gelenkskopf mehr oder weniger längsgerichtet, Gelenksgrube (cavitas glenoidalis) wie immer entsprechend gestaltet (z. B. Nagetiere).

Die Zahn- bzw. Gebißtypen und ihre Funktion.

Die obigen morphologischen Zahnformen, die Arten der Kieferbewegung usf. entsprechen jeweils bestimmten funktionellen Beanspruchungen bzw. Leistungen. Die Kenntnis dieser Zusammenhänge ist für die paläobiologische Analyse wesentlich, denn sie gestattet uns, aus den Zähnen auf die Nahrung, ihr Ergreifen und ihre Zerkleinerung zu schließen.

Man kann nach der Funktion etwa folgende Typen und Kombinationen als die hauptsächlichsten unterscheiden:

Fang(Greif-)zähne, -gebisse und -schnauzen: Fangzähne sind stets mehr oder weniger einspitzig. reine Fanggebisse mehr oder weniger homodont. Viele Fische, Stegocephalen, Reptilien, *Archaeopteryx.* Oft kombiniert mit Langschnauzigkeit, dabei Unterkiefer meist gleich lang, mitunter aber auch länger oder kürzer als Ober- bzw. Zwischenkiefer (viele Fische, sekundär-aquatische Vertebraten wie *Ichthyosauria,* die krokodilartigen *Parasuchia,* die unter Wasser nicht mehr kauenden, sekundär homodonten *Cetacea* u. a.; der Ichthyosaurier *Eurhinosaurus,* der Wal *Eurhinodelphis* bzw. der am Wasser fischende Flugsaurier *Rhamphorhynchus* mit längerem Ober- bzw. Unterschnabel). Auch Fangzähne ohne ausgesprochene Fangschnauzen und Fangschnauzen ohne Zähne; im letzten Fall Beziehung zwischen Schnauzenform und Nahrungsaufnahme besonders deutlich (Vögel). Als Abart der Fangschnauzen kann man die „Pflug"- oder „Stöberschnauzen" bezeichnen, bei damit verbundener besonderer Zahnstellung (z. B. bei den horizontal vom Kiefer abstehenden Zähnen des Sägehaies) von einem „Pfluggebiß" sprechen.

Weitere Formen von Fang- oder (Greif-)gebissen: Das Schnappgebiß (Vordergebiß bei einigen Wildhunden, z. B. *Cuon*); das Vordergebiß bei heterodontem Gebiß im allgemeinen, im besonderen das „Nagegebiß" (Nagezähne, obere und untere I); das „Schabgebiß" (des Paarhufers *Myotragus*), „Schaufelgebiß" (manche Mastodonten), „Rupfgebiß" (Ziegen, sämtlich von den unteren Vorderzähnen gebildet; ferner das „Wühlgebiß" der Flußpferde und Schweine, das „Wühl- und Haugebiß" des Walrosses (obere C); das „Giftgebiß" (Giftzähne bei Schlangen, wahrscheinlich auch bei *Ictidorhinus* und anderen Theromorphen, s. S. 65). In den letzten Fällen (Walroß, Schlangen usw.) Fang- und Kampffunktion, Greifgebiß, auch **Waffengebiß.** Andere **kombinierte Funktionen,** z. B. Greifgebiß, auch „Putzgebiß" (Fellreinigung, *Galeopithecus* u. v. a.). — Haplodonten Zähnen ähnlich, aber ohne eigentlich ernährungsbiologische Funktion die „Eizähne" *(Reptilia, Echidna)*; es sind keine richtigen Zähne.

Zerkleinerungs-(oder Kau-)gebisse. Von Greifgebissen nicht scharf trennbar und aus ihnen durch Umgestaltung der hinteren Zähne hervorgegangen; zum ausschließlichen bis vornehmlichen Ergreifen kam Zerkleinern der Nahrung als weitere wesentliche Aufgabe. Kaugebiß als **Regel kombiniert mit greifendem Vordergebiß,** nur sekundär — bei Übernahme der Greiffunktion durch Lippen, Zunge usw. — Greifgebiß mehr oder weniger rudimentär. Heterodontie, meist auch innerhalb des eigentlichen Kaugebisses (P, M). vorherrschend mehrspitzige Zähne. Vorwiegend *(Mammalia)* diphyodont. Zahnzahl gewöhnlich begrenzt, im einzelnen stark wechselnd (Reduktion am Vorder- bzw. Hinterende der Backenzahnreihe). Zahnformen vielgestaltig, Einzelform und Funktion (Zerkleinern harter, weicher, tierischer, pflanzlicher Stoffe usw.) in unverkennbarer Beziehung. Etwa folgende Untertypen unterscheidbar:

Scherengebisse: a) I, C, P, M mehr oder weniger wohl entwickelt. P und M spitz- und hochhöckerig; Insectivorie und Frugivorie (= Insekten- und Fruchtfressende, u. zw. Schneidende); *Insectivora* und andere primitive, jetzt- und vorzeitliche Säuger (z. B. *Triconodonta* des Jura). b) (Abb. 22): I und besonders C kräftig, 1 Backenzahnpaar besonders groß, secodont (= Zahnkronen zu „Schneiden" umgestaltet). restliche P und M ähnlich oder stumpfhöckerig, mitunter mehr oder weniger rückgebildet; Carnivorie (= Fleischfressen); viele Varianten, z. B.: Katze (Backen-

zahnreihe vorn und besonders hinten reduziert, vorhandene P und M fast
sämtlich mehr oder weniger secodont [reines Schneidegebiß]), Hyäne (Backenzahnreihe ähnlich reduziert, Backenzähne außer secodonten P⁴ und M1 stumpf-
und massivhöckerig, oligobunodont [Schneide- und Knochenbrechgebiß]), Wolf

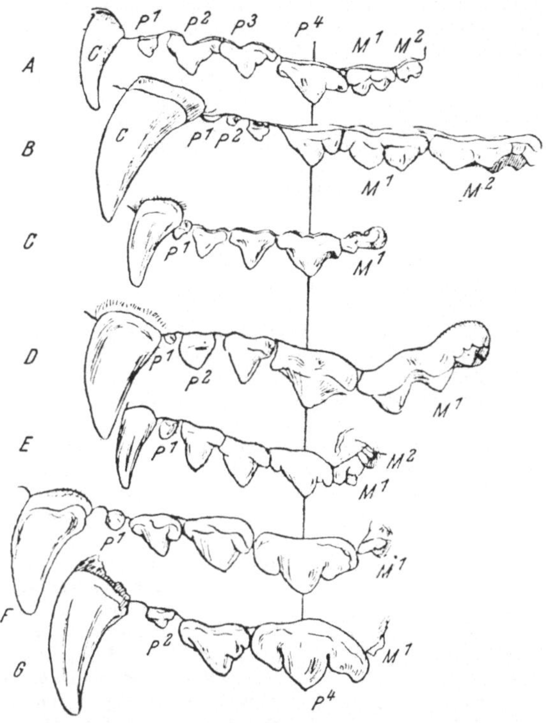

Abb. 22. Schneid- bzw. Brechscherengebisse rezenter Carnivoren (Raubtiere).   A = Hund,   B = Bär,   C = Marder,   D = Dachs,   E = Schleich-
katze,   F = Hyäne,   G = Löwe. Die typischesten Fleisch- bzw. Knochen-
fresser (F, G) zeigen die besondere Größe des P⁴ am deutlichsten, bei
den ausgesprochenen Allesfressern (B, D) bleibt er hingegen an Größe
hinter den M zurück, die anderen Formen stehen zwischen beiden Ex-
tremen. (Aus M. Weber 1928.)

(Backenzahnreihe nicht reduziert, vordere Backenzähne mehr oder weniger secodont, hintere Backenzähne oligobunodont, stumpf-, niedrig-
höckerig [Schneide- und mehr oder weniger Kaugebiß]); vergrößertes Zahnpaar — Schneid- bzw. Brechschere, nicht „Reißzahn"! — P⁴/M1 (rezente
Carnivora [Raubtiere] und *Eucreodi*), M¹/M₂ bzw. M²/M₃ *(Pseudocreodi)*
oder noch nicht differenziert *(Procreodi)*. Ähnliche Gebißtypen wie bei
Raubtieren und den drei genannten Gruppen der Urraubtiere (*Creodontia*,
s. S. 69) bei carnivoren Beuteltieren, wie *Sarcophilus, Thylacinus* u. a.

Sägegebisse. Spezialisationen und Reduktionen im Vordergebiß, ein bis mehrere P inf. bzw. inf. und sup. (inferior = unterer, superior = oberer) vergrößert, bilateral komprimiert, mehr oder weniger beilförmig, mit gekerbten Rändern, M oligo- bis polybunodont, stumpfhöckerig; vermutlich Wurzel- und Fruchtfresser; *Bettongia* und *Abderites* (rez. bzw. foss. Beuteltier), *Ptilodus* (*Multituberculata*, [s. S. 69], Paleozän), *Carpolestes* (*Tarsioidea, Primates*, Paleozän) u. a.

Thylacoleo-Gebiß. Vordergebiß reduziert und spezialisiert (nagezahnartiges Zahnpaar), Backenzähne unansehnlich bis auf ein P-Paar, dessen Kronen secodontiforme, aber niedrig-langgestreckte, einheitliche Schneiden bilden; vermutlich nicht carnivor; *Thylacoleo* (*Marsupialia*, Plistozän).

Durophage Brech-, Schneide- und Reibgebisse. Ausgesprochene Hartfressergebisse (lat. durus = hart) zum Zerschneiden, Zerbrechen oder Zerreiben von Muscheln, Korallenzweigen u. dgl.; z. B. senkrechte Zahnplatten aus verschmolzenen Einzelzähnen in beiden Kiefern (vgl. Vogelschnabel!) beim rezenten Fisch *Pseudocarus*, horizontale Zahnplatten beim Rochen *Myliobatis*, halbkugel- bis pflastersteinförmige Zähne mit vorderem Greifgebiß bei *Chrysophrys* (*Pisces* = Fische), *Placodontia* (triassische Reptilgruppe), orimentär (= im Entstehen) beim Mosasaurier *(Globidens)* und der miozänen Seekuh *Miosiren* (nur einzelne Zähne).

Quetsch-, Mahl- und Reibgebisse: Hauptmasse der Allesfresser (Omnivoren), Pflanzenfresser (Herbivoren), einschließlich Fruchtfresser (Frugivoren); malako- bis durophage (griech. malakos = weich) Gebisse; sehr mannigfaltig; Haupttypen: Vornehmlich **Quetschgebiß:** Vordergebiß mehr oder weniger gut entwickelt, Backenzähne oligo- bis polybunodont, niedrig- bis hoch-, aber nicht spitzhöckerig, P und M mehr oder weniger formverschieden, M-Höcker meist durch Täler getrennt; Allesfresser (Schweine, Bären) bis vorwiegend Fruchtfresser (manche Affen) oder Weichpflanzenfresser (Flußpferde, manche Mastodonten [s. S. 69], Amblypoden [s. S. 69] u. a.). — **Vornehmlich Mahlgebiß:** C, oft auch I mehr oder weniger rückgebildet, restliches Greifgebiß dann mit Greiflippen, -zungen usw. kombiniert, Backenzähne selenodont, lophodont, fossil auch bunoselenodont usw., vielfach hypsodont, P mehr oder weniger molariform, Täler zwischen den Jochen meist mit Zement aufgefüllt, Kieferbewegung mit starker lateraler Komponente; Nahrung aus härteren Pflanzenteilen (Pferde, Rinder usw., Abb. 23). — **Vornehmlich Reibgebiß:** Vordergebiß bis auf Nage- oder Stoßzähne reduziert, Backenzähne querjochig, polylophodont (vieljochig), zum Teil hypsodont, P mehr oder weniger molariform, Täler zwischen den Jochen meist mit Zement aufgefüllt. Kieferbewegung stark propalinal bzw. Schaukelbewegung; Nahrung aus härteren Pflanzenteilen (Nagetiere, Elefanten u. a.). — Alle diese Haupttypen und ihre Varianten: Vorgeschichte stufenweise Vollendung zeigend, daher fossile und urtümliche rezente Formen oft mit noch **nicht** typischer Gebißbildung. — **Herbivore Reptilgebisse:** Wie bei selonodonten und lophodonten Säugern mehr oder weniger einheitliche Kauebene aus

Abb. 23. Mahlgebiß: Backenzahnreihe von *Hyracodon nebrascensis* L e i d y, einem Angehörigen der *Rhinocerotoidea* (= Nashornartigen), aus dem Oligozän Nordamerikas. Alle Backenzähne weitgehend gleichartig, d. h. die P (die 4 linken Zähne) molariform. (Nach O. A b e l 1928.)

mehr oder weniger großen Kau-(Usur-)flächen der Einzelzähne; Zähne aber nicht so kompliziert gebaut, gegen Abnützung nicht durch Hypsodontie u. dgl. verstärkt, dafür viele Zahngenerationen mit zahlreichen (bis 2072) Einzelzähnen; die Dinosaurier *Iguanodon, Trachodon* u. v. a.

Gebißrückbildung. Auf die Rückbildung von Einzelzähnen und ganzen Gebißabschnitten bei gleichzeitiger hochgradiger Spezialisation der erhaltenen Restteile ist bereits in obiger Übersicht mehrfach verwiesen worden. Mehr oder weniger völlige Gebißrückbildung, zum Teil auf dem Weg über sekundäre Homodontie (s. S. 40) fand bei *Cetacea, Ichthyosauria, Proterosauria, Aves* (Vögel), *Chelonia* (Schildkröten), *Theromorpha, Monotremata* (Kloakentiere), *Xenarthra* u. a., u. zw. bald nur vereinzelt, bald generell statt. Analoge Erscheinungen auch bei Evertebraten (s. S. 38). Teils liegen die Zusammenhänge mit der Nahrung klar zutage (z. B. Bartenwale — Übergang zur Mikrophagie —, *Xenarthra* — Übergang zur Myrmecophagie = Ameisenfressen u. a.), teils (z. B. *Pterosauria, Aves, Chelonia* u. a.) können wir diese noch nicht hinreichend überblicken. Allgemein aber wird man sagen dürfen, daß Zahnverlust mit dem Übergang zu einer nicht mit Zähnen zu ergreifenden und zu zerkleinernden Nahrung Hand in Hand geht bzw. ging. Und noch eine Feststellung ist hier am Platze: Die Vögel z. B., ursprünglich bezahnt und seit langem zahnlos, müssen nicht nur eine derartige Phase des Gebißverlustes durchgemacht haben, sondern sie sind, wie die Gegenwart lehrt, weiterhin zu Nahrungsmitteln übergegangen, die nach Härte und sonstiger Beschaffenheit durchaus Zähne als funktionsgemäße Einrichtungen erscheinen lassen würden. Trotzdem ist das bei den Vorfahren verlorengegangene Gebiß nicht wiedergekommen, und Schnäbel bzw. Kiefer allein, nur gelegentlich (*Mergus*, rezent, *Odontopteryx*, Eozän u. a.) durch Zackung mit zahnähnlichen Gebilden versehen, haben die sonst den Zähnen zukommenden Aufgaben zu erfüllen.

D. Die Anpassungen an den Aufenthaltsort (Lebensraum).

Neben Bewegung und Ernährung verlangt auch der Lebensraum selbst gewisse Anpassungen. Manches davon haben wir bereits berührt, denn die Einrichtungen, welche den Aufenthalt in einem bestimmten Raum gewährleisten, und die, welche der Bewegung wie Ernährung in ihm dienen, müssen sich ja stark überschneiden.

So haben wir von der Entwicklung der Augen schon mehrfach gesprochen (S. 15, 35, 36), daß sie aber beim Leben in dysphotischen (griech. phos = Licht). d. h. lichtschwachen oder lichtarmen Regionen, besondere Spezialisationen aufweisen (große Augen bei Nacht- und Dämmerungstieren — auch beim Menschen als Erbteil —, Teleskopaugen bei Tiefseeformen usw.), die wir beim Aufenthalt in wohldurchlichtetem = euphotischem Gebiet nicht anzutreffen, daß sie in aphotischen = lichtlosen Bereichen verkümmern (Höhlen-, Schlammbewohner usw.), sind Erscheinungen, die doch wohl nur als Anpassungen an den Aufenthaltsort bewertet werden können. Auch bei der Gestaltung der Gliedmaßen finden wir meist eine Komponente, die wir nicht mit der Lokomotion schlechthin, sondern mit der Bewegung in einem bestimmten Raum, auf einem bestimmten Boden in Beziehung setzen müssen

(Trittflächenvergrößerung bei Sumpfbewohnern, z. B. Elch, beim Laufen auf der Wasseroberfläche, z. B. Vogel *Parra*, kräftige, leicht gedrungene Gliedmaßen bei Felsenbewohnern, wie Steinbock oder Gemse, u. a. m.). Allgemein vermögen wir ja nach derartigen ortsbezogenen Charakteren Steppen- und Wüstenformen, Tiere der Arktis usw. als solche zu erkennen.

Verhältnismäßig günstig für eine analytische Erfassung der Anpassungen an den Aufenthaltsort ist der Bereich des Meeres. Horizontal von der Küste bis zur Hochsee in Litoral, Sublitoral, Hemipelagial und Eupelagial (lat. litus = Strand, griech. pelagos = Hochsee), vertikal in Neritikum (vom griech. Meergott Nereus) bis etwa 200 m, Bathyal (griech. bathys = tief) bis etwa 1000 m und Abyssal (griech. abyssos = grundlos) gliederbar, beherbergt es dreierlei Gruppen von Organismen: das Nekton, das Plankton und das Benthos (s. S. 14).

Das **Nekton** braucht uns hier nicht neuerdings zu beschäftigen. Da seine Einzelformen, die Nektonten, ausgesprochene Schwimmtiere sind, treten die Anpassungen an den Aufenthaltsort bei ihnen ganz hinter den dominierenden Lokomotionsanpassungen zurück. Bei Plankton und Benthos hingegen ist das anders. Je mehr hier die Eigenbewegung als Fähigkeit zur Ortsveränderung abnimmt, — was, wie schon S. 14 erwähnt, beiden gemeinsam ist —, um so deutlicher kommen die Raumanpassungen zum Vorschein.

Planktonten sind Schwebeformen. Infolgedessen sind für das **Plankton** in seiner Gesamtheit Einrichtungen kennzeichnend und notwendig, die dem Absinken entgegenwirken. Oberflächenvergrößerung durch allerlei Fortsätze, Gewichtsverminderung durch Einlagerung spezifisch leichter Fette oder Öle sind oft zu beobachten. Vielfach gehen Durchsichtigkeit und Kleinheit des Körpers — vorwiegend zählen ja Mikroorganismen zum Plankton — damit Hand in Hand. Neben durch Fortsätze umgestalteten Formen (s. o.) sind baculiforme und noch mehr globiforme Typen häufig (die Kugel hat ja unter volumgleichen Körpern die größte Oberfläche!). Fortbewegungsorgane sind meist nicht entwickelt oder rückgebildet, und dem Mangel einer bestimmt-gerichteten Bewegung, welche für jeden Körper in bezug auf die Bewegungsrichtung klar ein Vorn und Hinten, ein Rechts und Links ergibt, entspricht vielfach das Fehlen der solcher Bewegung zugeordneten bilateralen Symmetrie. Der radiäre (= strahlige) Bau, wie er in der Kugelform (s. o.) verwirklicht ist, ist den mehr oder weniger allseits gleichen Bedingungen (kein Vorn und Hinten, Rechts und Links) wohl gemäßer. Planktonten sind unter den Foraminiferen (s. S. 64, z. B. *Globigerina, Orbulina* u. a.), Hohltieren oder Coelenteraten (z. B. Medusen), den paläozoischen Graptolithen und Trilobiten (s. S. 64), den Krebsen, den dekapoden (= zehnarmigen) Cephalopoden und den Belemniten (s. S. 66), vereinzelt selbst unter den Echinodermen (Crinoidengattung *Saccocoma* und Holothurie *Pelagothuria*) und Fischen zu finden. Vom eigentlichen Plankton wird das **Pseudoplankton** (griech. pseudos = Lüge) unterschieden. Man versteht darunter losgerissene, flottierende Benthosformen. Es liegt nahe, daß bei Pseudoplanktonten die Schwebeanpassungen oft nur in geringem Grade entwickelt sein werden.

Die Formen des **Benthos** sind die Grundbewohner. Vom küstennahen bis zum küstenfernen Meeresboden, vom seichtesten Wasser, ja selbst von der Sprüh- und Spritzzone bis hinab in die Tiefen der Ozeane erstreckt sich ihr Bereich. Manche von ihnen verfügen über ein mehr oder weniger erhebliches Ortsveränderungsvermögen, sie kriechen auf dem Boden, schwimmen über ihn dahin, graben in ihm ihre Gänge und Bauten. Diese beweglichen Formen fassen wir als **vagiles** (bewegliches) **Benthos** zusammen. Ihm stehen andere gegenüber, welche die wohl allem Lebendigen ursprünglich eigene Fähigkeit der Fortbewegung eingebüßt haben und sich oft fest mit der Unterlage verbanden; sie machen das **sessile** = seßhafte bzw. festgeheftete Benthos aus.

Dem **sessilen Benthos** fehlen bei der auf Null herabgesunkenen Fortbewegung die Lokomotionsorgane ganz oder sie sind weitgehend rück- bzw. (z. B. bei *Cirripedia* zu Fangbeinen, s. S. 36) umgebildet. Auch die vornehmlich der Fortbewegung und aktiven Nahrungssuche dienenden Sinnesorgane (Seh- und Gehörorgane) sind kaum entwickelt bzw. rudimentär. Dagegen sind Einrichtungen zum Auffangen der zum Meeresboden niedersinkenden oder von der Strömung herbeigeführten Nahrungsstoffe — meist Mikroorganismen —, zum Abfiltern derselben usw. sehr häufig und oft recht umfangreich (Fangtrichter, -schirme, -arme usw., s. S. 36, vgl. auch die Netze der ziemlich seßhaften Spinnen). Seßhafte und insbesondere festgeheftete Tiere neigen wie die Pflanzen zur Gemeinschaftsbildung (s. S. 50), die durch ungeschlechtliche Fortpflanzung gefördert werden kann. Und wie bei Pflanzen und Planktonten (s. S. 44 und 14) fehlt meist die bilaterale Symmetrie. Nur in der Anlage (z. B. Korallen), oder wenn bestimmt-gerichtete Strömung ähnlich

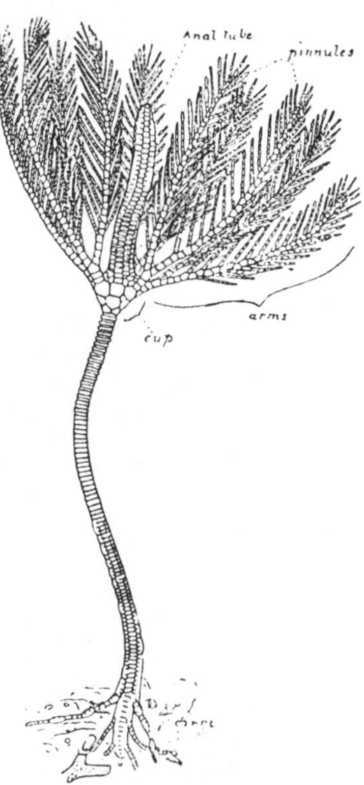

Abb. 24. Stieltyp: *Botryocrinus decadactylus,* eine Seelilie aus dem Silur Westeuropas. Der eigentliche Körper (cup), von dem eine lange Afterröhre (Analtube) und reich gegliederte Arme (arms + pinnules) abgehen, wird durch einen am bzw. im Grunde durch Wurzelbildung verankerten Stiel über den Boden erhoben. Schematisiert. (Aus O. A b e l 1924.)

wie der Eigenbewegung vagiler Tiere wirkt (s. S. 44), tritt sie häufiger — im zweiten Falle freilich bloß äußerlich — in Erscheinung. Herrschend ist vielmehr der strahlige, zusammen mit der Sessilität die vielfache Pflanzenähnlichkeit seßhafter Tiere (z. B. *Anthozoa* = „Blüthen"tiere, See-„lilien" u. v. a.) bedingende Bau. Ihm kann eine 3-, 4-, 5-, 6teilige (also tri-, tetra-, penta-, hexamere) Symmetrie zugrunde liegen. Bei unregelmäßigem Wachstum, bei engem Anschmiegen an eine regellos geformte Unterlage kann mitunter auch jegliche Symmetrie schwinden, das Gehäuse einer erwachsenen Wurmschnecke *(Vermetus)* z. B. ist vollkommen asymmetrisch.

Bei dem mangelnden Ortsveränderungsvermögen sind sessile Tiere gleich den Pflanzen fest an ihren Standort gebunden. Um so mehr müssen sie angepaßt, um so genauer gleichsam eingepaßt sein in ihre Umgebung. Nirgends kann man daher eine stärkere Neigung zur Bildung von Standortsformen beobachten als beim sessilen Benthos und bei Pflanzen. Und nirgends kann man die Anpassungen an den Aufenthaltsort besser studieren als hier, wo ja auch die Überschneidung mit den Lokomotionsanpassungen in Wegfall kommt.

Zu den Faktoren, welche die Gestaltung sessiler Tiere sichtlich beeinflußen, gehören Temperatur, Salzgehalt und Strömung bzw. Wasserbewegung im allgemeinen. An der Größe und Dicke der Hartteile (Schalen, Gehäuse) sind diese Zusammenhänge besonders deutlich ablesbar. Allerdings können verschiedene Faktoren auch in gleicher Weise wirksam werden; so trifft man Dickschaligkeit heute an durch warmes wie an durch stark bewegtes Wasser ausgezeichneten Biotopen (Lebenssorten) bei normalem Salzgehalt (Salinität), nahverwandte und artgleiche Formen zeigen bei abnehmender Temperatur wie bei abnehmender Salinität einen Rückgang der Körpergröße. Und was nicht minder wesentlich ist: es gibt auch Ausnahmen von diesen Regeln. Darum ist bei der Analyse derartiger fossiler Formen große Vorsicht und Berücksichtigung aller verfügbaren Kriterien (auch Begleitformen usw.) unerläßlich. Das betrifft nicht allein die biologische, sondern auch die systematische Bewertung, wo es ja gilt, bloß standortsbedingte Verschiedenheiten und spezifische, also Standorts-Formen und -Arten auseinanderzuhalten.

Der Vielgestaltigkeit in den Standorten und den daselbst gebotenen Lebensbedingungen entspricht eine Fülle verschiedener, naturgemäß wegen allerlei Übergängen nicht scharf gegeneinander abgrenzbarer Körperformen der sessilen Grundbewohner. Die wichtigsten sind:

Stieltyp: Eigentlicher Körper durch Stiel emporgehoben und auf die-

Abb. 25. Napftyp: Gehäuse (sog. Mauerkrone) eines Rankenfüßerkrebses der Gattung *Balanus* von der typischen, gedrungen-niedrigen Form, mit breiter Fläche festgewachsen. Rezent. Verkleinert. Orig. i. Paläont. u. Paläobiolog. Inst. d. Univ. Wien.

sem bzw. durch ihn beschränkt beweglich; primär Stillwassertyp, schlanker, zarter Bau; bei Spongien (Schwämmen), Rotatorien (Rädertierchen), Crinoideu (z. B. *Rhenocrinus*) u. a. (Abb. 24.)

Napf- oder Patella-Typ (nach der allerdings nicht voll sessilen Napfschnecke *Patella*): Gegenteiliges Extrem, Körper flach niedrig, dem Boden angeschmiegt, basal breiter als terminal, plump und massiv; im allgemeinen Bewegtwassertyp. — Durch Standortsformenbildung können aus diesem Typ auch hochwüchsige Formen hervorgehen (z. B. bei *Balanus*, s. S. 76). wie umgekehrt der Stieltyp in der Brandung zu plumpen, gedrungenen. dem Patellatyp angenäherten Gestalten abgewandelt werden kann; *Pelmatozoa* und besonders *Crinoidea* bieten hiefür viele Beispiele *(Edriocrinus, Holopus* usw.). (Abb. 25.)

Horntyp: Mehr oder weniger konisch (kegelförmig), doch meist leicht (kuhhornartig) gekrümmt, basal schmäler als terminal, bald mehr schlank, bald mehr gedrungen, d. h. mehr oder minder ausgesprochen hochwüchsig; bei Spongien, Einzelkorallen (z. B. *Cyathophyllum, Montlivaultia)*, auch bei hochwüchsigen Balanen (s. o.), bei Hippuriten (s. S. 66) und hippuritiformen Brachiopoden *(Richthofenia* vgl. S. 37), bei der Pelmatozoengattung *Cyathocystis* usf.

Orgel(pfeifen)typ: Körper bzw. Gehäuse extrem hoch- und schlankwüchsig, Breite von unten nach oben kaum zunehmend; im Gegensatz zu den Vortypen, die bei Einzelformen wie bei Kolonienbildnern vorkommen (Crinoidenrasen, Hippuritenbänke usw.), ausgesprochene Kolonien-Wuchsform; bei der Orgelkoralle *Tubipora,* auch bei der Sandkoralle, dem tubicolen (röhrenbewohnenden) Anneliden *Sabellaria,* steht Röhre an Röhre, ähnlich *Scolithus, Sabellarifex* aus der Vorzeit; Balanen- und Hippuritenkolonien können sich stark der Orgelwuchsform nähern. (Abb. 26.)

Vermetus- oder Wurmschnecken-Typ: Körper bzw. Gehäuse irregulär gekrümmt (s. o.); *Vermetus* und andere Gastropoden, der Ammonit *Nipponites,* die Foraminifere *Placopsilina* u. a.; bei „Kolonienbildung" entsteht Knäueltyp *(Sabellaria,* zum Teil u. a.).

Krustentyp: Körper mehr oder weniger krustenförmigen (und mehr oder weniger unregelmäßigen) Belag auf der Unterlage bildend (vgl. Flechten); meist bei Kolonienbildnern, z. B. Korallen in der Brandung, Bryozoen (Moostierchen).

Pilztyp: Pilzförmig; Spongien, Korallen (z. B. Pilzkoralle *Fungia*); „Pilz" aus Einzeltier oder Kolonie (Tierstock) gebildet. (Abb. 27.)

Mäandertyp: In Mäanderform aneinandergereihte, zu Kolonie (Stock) vereinigte Korallen, z. B. *Latimaeandraea.*

Abb. 26. Orgel(pfeifen)-typ: Teil eines Stockes der Koralle *Lithostrotion basaltiforme* aus dem Karbon Westeuropas. Die Skelette der Einzeltiere schlank und hochwüchsig, von säulenförmigem Umriß; die Längslinien auf den Flächen der polygonalen Säulen deuten die Spuren einer entsprechenden Riefung an. (Aus Dacqué 1921, etwas vereinfacht.)

Dendritischer (Baum-) Typ: Baumförmig verästelte Kolonien (Stöcke) bei Foraminiferen, Coelenteraten, Bryozoen; Stillwassertyp; Korallen der Gattung *Acropora* bilden in seichtem Stillwasser stark dendritische (Abb. 28), in der Tiefsee schwach dendritische, in der Brandung krustenförmige Stöcke.

Abb. 27. Pilztyp: *Coeloptychium agaricoides* G o l d f., eine Spongie aus der oberen Kreidezeit Deutschlands. Fast ³/₄ nat. Gr. (Aus O. Abel 1924.)

Mannigfaltig wie die Körperformen sind auch die **Festheftungsarten** des sessilen Benthos. Auch sie wechseln oft innerhalb der einzelnen Gruppen, ja selbst innerhalb der Arten nicht unerheblich. So gibt es z. B. bei Crinoiden bzw. Pelmatozoen, wo die Geschichte der Festheftung ein wesentliches Kapitel der Stammesgeschichte ausmacht, pflanzenartige Wurzeln zur Verankerung in weichem Boden, kriechende, festere Gesteinspartien oder Fremdkörper umklammernde und umgebende Wurzelstöcke, flächig Felsboden umkrustende, festzementierte Wurzeln; wohl nach Wurzelverlust kann der Stiel selbst mit seinen seitlichen Anhängen (Cirren) terminal zu ankerförmigen Gebilden (*Ancyrocrinus*), zu greifschwanzartigen Spiralen und Pyramiden *(Acanthocrinus)* umgeformt sein, die eine temporäre Festheftung (Semisessilität) ermöglichten; nach Stielverlust und Freiwerden konnte abermalige zeitweilige oder dauernde Verankerung durch dem Kelch ansitzende Cirren *(Antedon)* oder durch Zementierung der Kelchbasis an den Untergrund (*Holopus* u. a.) erreicht werden; Stufe für Stufe sind solche Wandlungen in der Sessilität mitunter belegbar (*Pentacrinus*-Reihe). Analoge Festhaftungsarten treffen wir auch in anderen sessilen Tiergruppen, und auch da bieten sich Möglichkeiten zu Rückschlüssen auf Bodenbeschaffenheit, Intensität und Dauer der Festheftung. auf Wasserbewegung u. a. m.

Abb. 28. Baumtyp: Koralle der Gattung *Acropora*, verästelter Stock aus ruhigem Oberflächenwasser. Rezent. (Aus O. Abel 1924.)

Das **vagile Benthos** ist vom sessilen — schon die eben erwähnten semisessilen Formen deuten darauf hin — nicht scharf zu trennen; auch die frei am Boden liegenden, aber ihren Aufenthaltsort nur selten und nur geringfügig verändernden Tiere sind oft fast Zwischenformen zwischen beiden Arten von Grundbewohnern. Mancher Wandel hat auch in der Geschichte der verschiedensten Gruppen von der vagil-benthonischen zur sessilen Lebensweise und umgekehrt stattgefunden, wobei die Grundzüge des früheren Bauplans erhalten blieben. Das alles trägt dazu bei, daß die Kennmale des vagilen Benthos, das ja auch gegen das Nekton flutende und in beiden Richtungen oftmals überschrittene Grenzen hat. sich schwer umreißen lassen. Vorherrschend sind breite und flache, mehr oder weniger **depressiforme** Typen, wie sie bei Grundfischen (Extrem: Rochen, s. S. 12 bis 15). bei manchen *Agnathi,* Gigantostraken und Trilobiten (s. S. 64/65), bei den eigenartigen Carpoideen (s. S. 65), bei Seeigeln, aber auch bei See- und Schlangensternen, bei dekapoden Cephalopoden u. a. antreffen; ganz besonders auch mehr oder weniger **brotlaibförmige** Typen (Korallen wie *Cyclolites*, Bryozoen, viele Seeigel usf.). Und es entspricht durchaus dem eben Gesagten, daß, wie obige Aufzählung lehrt, bilaterale und radiäre Symmetrie und sogar (z. B. *Carpoidea*) Asymmetrie im vagilen Benthos in bunter Mischung zu beobachten sind.

Auch das vagile Benthos ist ziemlich ortsgebunden, d. h. wenig freizügig, und daher auch Standortseinflüssen ausgesetzt und zur Bildung von Standortsformen neigend (*Patella*, vgl. S. 47, *Cyclolites* u. a.). In allen diesen Dingen besteht nur ein gradweiser Unterschied gegenüber dem sessilen Benthos. Ähnlich verhält es sich mit sonstigen Einrichtungen. Schalenverstärkung durch Schalenverdickung, durch Wellblechfaltung, innere Pfeiler usw. bei Bewegtwasserformen, Schutzeinrichtungen gegen Verunreinigung des Atemwassers durch Madreporenplatten, Analtuben (Echinodermen zum Teil, s. Abb. 24), auch durch Filter u. dgl., bei Formen ruhigen und an Sinkstoffen (Detritus) reichen Wassers, besondere Einstellungen zur Strömung mit äußerlichen Symmetrieänderungen findet man da wie dort. Im vagilen Benthos trifft man ferner bei Schlammgrundbewohnern Einrichtungen gegen das Einsinken in den weichen Boden, z. B. Fortsatzbildungen, wie sie auch manche Planktonten aufweisen. Der paläobiologischen Analyse der Benthosformen kommt auch deshalb besondere Bedeutung zu, weil gerade sie ob ihrer geringen Freizügigkeit und anderer damit zusammenhängender Eigenschaften einer paläofaunistischen Auswertung (s. S. 60) oft leichter und besser zugänglich sind als weniger an einen engen Raum und seine lokalen Bedingungen gebundene Tiere.

E. Anpassungen an das Gemeinschaftsleben.

Kein Organismus führt ein Leben in „splendid isolation", alle sind vielmehr Glieder von Lebensgemeinschaften, denn sie leben entweder in Familien im menschlichen Sinne, in Herden, Kolonien, Stöcken, Staaten, oder, wenn schon nicht in solchen engeren Bindungen mit Artgenossen, im Verbande der Tier- und Pflanzengesellschaft ihres Lebensraumes, auch da in stetigen, mannigfachen und unlösbaren Wechselbeziehungen mit den anderen Gliedern der betreffenden Biocoenose (griech. bios = Leben, koinos = gemeinsam, also Lebensgemeinschaft). Es ist daher eine Lebensnotwendigkeit für das Einzelwesen wie für den betreffenden Lebensverband, daß alle zugehörigen Individuen auf das Leben in solcher Gemeinschaft abgestimmt sind, und so müssen sie alle dementsprechende Einrichtungen, also Anpassungen besitzen. Nun spielt sich alles Leben in solchem Rahmen ab, daher sind viele dieser Anpassungen nicht von den früher erwähnten trennbar. Alle Anpassung an Bewegungsart und Nahrung z. B. ist zugleich auch Anpassung an die belebte Umwelt, sei es, daß sie das Auffinden, Ergreifen oder Zerkleinern von

Pflanzen betrifft oder zu dem Beziehungskomplex „Räuber-Beute" gehört, daß sie auch das Zusammentreffen der Geschlechter zur Fortpflanzung gewährleistet usf. Mit solchen Anpassungen uns nochmals unter diesem neuen Gesichtspunkt auseinanderzusetzen, fehlt es an Raum. Hingegen gibt es auch noch spezielle Anpassungen an das Gemeinschaftsleben. Sie betreffen vor allem die Fortpflanzung, den Kampf ums Dasein und schließlich das Leben in Gemeinschaften mit besonderen Bindungen, also in Kolonien, Herden, Staaten, als Symbionten, Parasiten usf.

1. Fortpflanzung.

Obgleich wir hier — man denke bloß an die Begattungsorgane und die sonstigen Einrichtungen zur Sicherung der Befruchtung bei vielen Insekten mit ihrer gegenseitigen Aufeinanderabstimmung bei beiden Geschlechtern und der Verhinderung der Paarung artungleicher Partner — oft außerordentlich hochentwickelten und eindrucksvollen Anpassungen begegnen, spielen die reinen Fortpflanzungsanpassungen für den Paläontologen nur eine geringe Rolle. Denn sie betreffen vornehmlich nichterhaltungsfähige Weichteile. Nur durch sogenannte Lebensspuren (s. S. 52) oder auf mehr oder minder indirektem Wege (Beckenweite, Os penis, Neonaten- bzw. Embryonenskelette usf.) vermögen wir gelegentlich etwas über die Fortpflanzung und die ihr dienlichen Einrichtungen bei den Tieren der Vorzeit auszusagen.

2. Kampf.

Spezielle Kampfanpassungen sind besser überlieferbar, aber im ganzen gesehen doch nicht allzu zahlreich. Hierher gehören z. B. die Waffengebisse (s. S. 40), dann Hörner, Stacheln, zum Teil auch Panzerbildungen u. a. m. Bei den meisten von ihnen ist freilich oft nur schwer zu entscheiden, ob es sich um reine, d. h. ausschließliche Kampfanpassungen handelt. Immerhin wird man manche Bildungen obiger Art, die uns fossil von den verschiedensten Tiergruppen überliefert sind, hierher zu rechnen haben.

3. Lebensgemeinschaften.

Von den Lebensgemeinschaften, die einem engeren Verband als der allgemeinen Biocoenose entsprechen, sind fossil weniger Herden- oder Staatenbildung, öfter und besser hingegen jene Gemeinschaftsformen nachweisbar, wo die einzelnen Glieder miteinander in mehr oder weniger fester und enger körperlicher Berührung stehen. Das sind einmal Kolonien, Tierstöcke, Bänke, Riffe usw. Von ihnen war wiederholt beim sessilen Benthos die Rede, welchem sie ja großenteils angehören. Besondere Anpassungen betreffen den Kampf um den Raum, z. B. fossil durch gegenseitige Deformationen, Wuchsbehinderung u. dgl. nachweisbar, ferner die Differenzierung in Nähr-, Wehr- und Fortpflanzungseinzelpersonen, etwa bei Hydrozoenpolypen und Bryozoen, fossil an der verschiedenen Größe und Gestalt der im Skelett für diese Einzelpersonen ausgesparten Räume kenntlich.

Neben derartigen festen und engen Vereinigungen artgleicher Tiere gibt es aber bekanntlich auch solche artverschiedener. Wir nennen sie am besten Synökien (griech. syn = mit, zusammen, oikein = wohnen) und unterscheiden weiter die Parökie, wo beide bzw. alle Partner nebeneinander leben (griech. para = bei), die Epökie, wo der eine auf dem anderen sitzt (griech. epi = auf) und die Entökie, wo der eine sich im Inneren des anderen aufhält (griech. entos = innen). Solche enge Verbindung kann, wie man weiß, für beide oder alle Beteiligten von Nutzen sein, dann sprechen wir von einer Symbiose (eigentlich Zusammenleben), sie kann dem einen nützen, dem anderen schaden, dann reden wir von Parasitismus (Schmarotzertum), um nur die durch viele Zwischenstufen (Raumparasiten oder -schmarotzer usw.) verbundenen Extreme zu nennen.

Lebensgemeinschaften der einen wie der anderen Art sind natürlich mit einer Fülle von Anpassungen verbunden. Oft sind diese — man denke nur etwa an die allbekannten Einsiedlerkrebssymbiosen — besonders augenfällig, treten sie vielleicht klarer als sonst als wechselseitige Reaktionen in Erscheinung, so wenn etwa ein in einem Korallenstock lebender tubicoler Annelide durch Querbödenbildung in seiner Röhre sichtlich mit dem Höhenwachstum des Korallenstockes Schritt zu halten trachtet, wenn die Koralle Eindringlinge, wie etwa Balanen, immer wieder zu überwuchern bemüht ist usf. Fossil sind solche und ähnliche Fälle heute schon in stattlicher Anzahl bekannt und lebensgeschichtlich von außerordentlichem Interesse. Viele derartige Synökien lassen sich nämlich weit in die Erdgeschichte zurückverfolgen und berechtigen uns auch für andere, wo mangels Erhaltungsfähigkeit ein dokumentarischer Nachweis nicht erbringbar ist, ein entsprechend hohes Alter anzunehmen (und zwar wird dieses im allgemeinen um so höher zu veranschlagen sein, je komplizierter die wechselseitigen Anpassungen erscheinen). Als Beispiele nenne ich die sogenannte Kerunia-Symbiose (Paguriden = Einsiedlerkrebse, Hydractinien = Coelenteraten aus der Gruppe der Hydrozoen und Schneckenhaus), die Synökien zwischen Korallen und Cirripediern (s. oben), die mindestens bis tief in das Tertiär zurückreichen, die Synökien zwischen Stachelhäutern und Schnecken, zwischen Korallen und Würmern oder zwischen Würmern (Myzostomiden) und Crinoiden, die bis in das Paläozoikum verfolgbar sind. Im letzten Falle, wo beim Eindringen der Myzostomiden in die Oberhaut des Crinoiden gallenartige Geschwülste entstehen, die zu Anschwellungen des Skelettes wie zu sekundärer Plattenbildung führen, scheinen diese Gallen oder Zysten zuerst an den Wurzeln und erst später an Stiel, Kelch und Armen der Crinoiden aufgetreten zu sein. Man darf daraus schließen, daß die Vorfahren der Myzostomiden, die heute sämtlich auf Echinodermen schmarotzen und wie viele Parasiten weitgehendste Umgestaltungen erfahren haben, von grundbewohnenden polychäten (= vielborstigen) Anneliden herzuleiten sind; und man wird ferner annehmen dürfen, daß die zystenbewohnenden Epöken unter ihnen stammesgeschichtlich primitiver sind als die heute auch zu beobachtenden Entöken im Innern des Crinoidenkörpers. Schließlich sei noch vermerkt, daß die heutige Synökie zwischen Faultieren und Algen bereits bei plistozänen Riesenfaultieren ihren Vorläufer gehabt haben dürfte, daß die jetzt so gefürchtete Tsetsefliege (Glossina) bis ins Oligozän zurückreicht. daß mit ihrem Auftreten das Aussterben ganzer Huftiergruppen in Verbindung zu bringen versucht wurde, um nur einige Ausblicke auf das derzeitige Wissen in diesen Belangen und seine Tragweite zu gewähren.

Nicht immer ist jedoch der Nachweis derartiger Synökien an Fossilien sicher zu führen, noch weniger ist stets die Art der Synökie genau bestimmbar. Ganz im Gegenteil. Schon das Auseinanderhalten von Epöken, die also auf anderen Tieren zu deren Lebzeiten siedeln, und **Epizoen** (eigentlich „Darauf-Tieren"), die sich mehr oder weniger unterschiedslos auf Steinen, leeren oder noch belebten Weichtiergehäusen u. dgl. festsetzen und keine oder kaum besondere Bindungen zu ihrem vielfach toten Partner aufweisen, stößt auf mitunter kaum überwindbare Schwierigkeiten.

F. Lebensspuren.

In den vorigen Abschnitten wurde zu zeigen versucht, wie und inwieweit durch die analytische Anpassungsforschung biologische und biohistorische Aufschlüsse aus Bau und Form der Fossilien zu erlangen sind. Unter vorzeitlichen Lebensspuren versteht man nun Fälle, wo die Art der Überlieferung der Fossilien in unmittelbarer Weise Einblick in einstige Lebensvorgänge und Lebenserscheinungen gewährt. Eine solche Lebensspur kann z. B. durch die Art der Vergesellschaftung körperlich überlieferter Reste zustande kommen, wenn etwa ein Insektenpärchen aus dem Alttertiär auf dem Hochzeitsflug an den Harzfluß einer Bernsteinfichte geriet und heute im Bernstein in Copula vor uns liegt; sie kann aber auch nur aus einer mit der betreffenden Lebenstätigkeit zusammenhängenden Spur, aus einem Koprolithen oder Kotstein, aus einem Bohrloch, einer Fährte od. dgl. bestehen; und sie kann sich, wie schon diese wenigen Andeutungen zeigen, auf die verschiedensten Lebenserscheinungen beziehen. Umfang und Methodik der Lebensspurenforschung, die ein besonderes Teilgebiet der Paläobiologie darstellt, können im folgenden nur angedeutet werden.

Fortpflanzung und Ontogenie. Außer dem obgenannten Beispiel von in Copula überlieferten Bernsteininsekten gehören hierher u. a. die Dinosauriereier aus der Oberkreide der Mongolei, die Überlieferung eines Ichthyosauriers im Stadium des Gebärens u. a.; wohl auch die aus verschiedenen Formationen, besonders aber aus den Flyschbildungen der Alpen bekannten wabenförmigen Gebilde vom *Palaeodictyon*typ; denn nach gegenwärtigen Beobachtungen können solche sowohl in Verbindung mit Schneckenlaich wie durch die Bewegung von Kaulquappen erzeugt werden.

Bewegung. Bewegungsspuren sind vor allem Fährten jeglicher Art, die bekanntlich Bodenbeschaffenheit (-härte), Bewegungstempo, wie Bewegungsart ihres Erzeugers (laufend, springend, biped, quadruped usw.) ermitteln lassen. Daß man noch weit mehr aus ihnen ablesen kann (aus Spurweite usw.), haben Soergels meisterhafte Untersuchungen über die

Chirotherium-Fährten des deutschen (untertriassischen) Buntsandsteins gezeigt, die sogar eine Rekonstruktion und systematische Einstufung des nur aus den Fährten bekannten *Chirotherium*-Tieres ermöglicht haben. Auch Schwimmfährten, Kratzfährten usw. sind unter Umständen lebens- wie erdgeschichtlich aufschlußreich.

Ernährung. Hierher zählen Gewölle, Magensteine (Gastrolithen), Koprolithen, Fraß- und Nagespuren, Fraßgänge u. a. m. Die erstgenannten können unmittelbaren Aufschluß über die Nahrung ihres Erzeugers bzw. Trägers geben, mitunter auch (z. B. Schlangenhalsvogel *Protoplotus*) eine abweichende Ernährungsart der fossilen Formen von ihren heutigen Verwandten anzeigen, während Fraß- und Nagespuren an fossilen Knochen u. a. Schlüsse auf das Schicksal der seinerzeitigen Kadaver (längeres Freiliegen vor der Einbettung usw.) zu gestatten vermögen. Fraßgänge, z. B. in schlickigen Gesteinen, als solche vor allem bei besonderer Form (dendritisch verzweigte Chondriten oder Fukoiden, dichtgedrängte Mäanderschleifen der Helminthoiden) kenntlich, deuten auf bestmögliche Ausnützung nährstoffreicher Schlammflächen, können aber auch (z. B. unterdevonische Hunsrückschiefer) als entscheidende Zeugnisse für einstige Belebtheit und gegen völlige Lebensfeindlichkeit des Bodens Bedeutung erlangen usf.

Wohnung. Spuren der Wohnung sind viele Bohr- und Ätzlöcher oder deren Ausfüllungen (Bohrkerne), soferne sie nicht, wie die von *Natica* in den Gehäusen anderer Schnecken, in den Schalen von Muscheln usw. erzeugten, als Fraßlöcher anzusprechen sind. Muscheln *Lithodomus, Gastrochaena, Saxicava, Teredo* u. a.) haben solche Löcher wie heute auch in der Vorzeit angefertigt, Schwämme der Gattung *Vioa (Cliona)*, Anneliden der Gattung *Polydora* auf Küstenfelsen und Muschel- oder Schneckengehäusen ihre Wohngänge hinterlassen. Wohngruben von Seeigeln, Gänge und Bauten von dekapoden (= zehnbeinigen) Krebsen, Baue von Murmeltieren, Nester von Termiten u. v. a. wären als weitere Beispiele dieser Art von vorzeitlichen Lebensspuren zu nennen, die uns oft auch Lebensgemeinschaften bezeugen.

Die Analyse derartiger Spuren ist meist keineswegs leicht. Oft ist es, wenn nur eine Fährte, ein Bohrloch oder ein Gangkern vorliegt, nicht möglich, den Erzeuger auch nur einigermaßen einzugrenzen. Die Tatsache, daß ein und dasselbe Tier z. B. bei verschiedener Bewegung und Bodenbeschaffenheit sehr verschieden aussehende Fährten zu erzeugen vermag, daß umgekehrt ein und dieselbe Lebensspur auf verschiedene Erzeuger zurückgehen kann (z. B. *Palaeodictyon*, s. o., oder die sogenannten „Sternfährten“), hat schon zu manchen Fehldeutungen Anlaß gegeben und erfordert äußerste Vorsicht bei etwaigen Schlußfolgerungen.

Kämpfe, Verletzungen, Krankheiten. Spuren hiervon sind nicht ganz so selten, als man vielleicht meinen könnte. Auf Paarungskämpfe gehen wohl — nach Analogie mit den Beobachtungen bei heutigen Krokodilen — die Schnauzenverletzungen der triassischen Parasuchier (Reptilgruppe) zurück wie z. T. die verheilten Frakturen (Brüche) des Os penis eiszeitlicher Höhlenbären. Kämpfen anderer Art verdanken wohl manche an Hartteilen von Evertebraten zu beobachtende Defekte ihre Entstehung. Doch nicht alle Verletzungen und Krankheiten, die wir fossil nachweisen können, wurden in Kämpfen zugezogen, Schalen- und Knochenbrüche, Zahnfrakturen usw. sind wohl auch auf andere Weise zustande gekommen. Auch an sonstigen Krankheiten hat es keineswegs gefehlt, ihre an den Hartteilen hinterlassenen Spuren sind bis in die Altzeit der Erde

verfolgbar. **Die Paläopathologie hat die Aufgabe, sie zu enträtseln, und
hat, obwohl erst ein junger Zweig der Paläobiologie, bereits sehr beacht-
liche Ergebnisse aufzuweisen. Die Aufdeckung der Zusammenhänge zwischen Krankheiten Krankheitshäufung, Entartung und Aussterben beim
Höhlenbären aus der Drachenhöhle bei Mixniß in Steiermark, der Nachweis von Pachyostose und Osteosklerose, die wir heute als Krankheiten
bezeichnen müssen, als regelmäßige Erscheinung selbst bei ganzen Tiergruppen, wie etwa den Sirenen, die Erkenntnis der hier vorliegenden Zusammenhänge mit dem Übergang von Lungenatmern zum Wasserleben, wie
der Bedeutung endokriner Störungen für stammesgeschichtliches Geschehen, das Aufrollen der Frage: Was ist eigentlich krank, wenn, was
wir heute so bezeichnen, als Norm bei allen Individuen einer Art, Gattung, ja selbst Ordnung erscheinen kann (sogenannte Arrostie = Kränk-
lichkeit), sind Beispiele, die das wohl hinlänglich bekunden.**

Tod. Spuren des Sterbens, auch des Todeskampfes, sind gleichfalls
nicht allzu selten. Hierher zählen z. B. Eindrücke in der Umgebung eines
Fossils, die unverkennbar Versuche, sich aus einem zähen Medium (Harz,
Schlamm usw.) zu befreien, bezeugen (manche Bernsteininsekten, Funde
von *Limulus*, s. S. 64, aus den oberjurassischen Solenhofener Plattenkal-
ken u. a.) oder aus Einbettungs- und Lagerungsverhältnissen (Vorkommen s. S. 55 ff.) ersichtliche Todesursachen (Tod von Wassertieren infolge
von Austrocknung des Wohntümpels usw.) und manche andere Fälle.

G. Erhaltungszustand und Vorkommen (Fossilisations-
scheinungen).

**Neben der Analyse der Anpassungen, der Enträtselung der
Lebensspuren u. a. m. gehört zur paläobiologischen Detektiv-
arbeit auch die Untersuchung von Erhaltungszustand und
Vorkommen der Fossilreste, weil auch sie lebens- wie erdge-
schichtliche Aufschlüsse zu geben vermag. Vom Tod eines
vorzeitlichen Tieres bis zur Jeßtzeit sind immer Jahrtau-
sende, meist Jahrmillionen vergangen. Daher zeigen Fossilien
nie die Beschaffenheit frischer Leichen, ihr gegenwärtiger
Zustand ist vielmehr stets das Ergebnis mannigfacher, manchmal freilich nur geringfügiger, meist aber sehr tiefgehender
Veränderungen und Zerstörungen. Solche seßten regelmäßig
mit dem Tod ein, der selbst ja, wenn man alle hierhergehörigen
Erscheinungen in Betracht zieht, nicht ein Augenblicksge-
schehen, vielmehr eine Zeit des Sterbens (Nekrobiose) von
kürzerer oder längerer Dauer ist; sie erfüllten den (im einzelnen verschieden langen) Zeitraum zwischen Tod und Einbettung (Sedimentbedeckung); sie währten während der „Bedeckungsphase" und sie kamen nicht zum völligen Stillstand
nach abermaliger Freilegung, ja, sie dauern ohne Ende auch
nach der Bergung, nach der Einverleibung in unsere Sammlungen an, wie die vielfache Notwendigkeit ständiger Nach-**

konservierung immer wieder beweist. Diese Veränderungen
und Zerstörungen sind ebenso vielfältig wie die sie auslösen-
den organischen und anorganischen, biologischen, chemi-
chen, physikalischen und sonstigen Vorgänge. Aus dem Erhaltungszustand, aus der Art des Vorkommens im Gestein
(insbesondere auch aus der Lage in ihm und aus der Lage der
Fossilien und Fossilteile zueinander) vermögen wir nun jene
Vorgänge mehr oder weniger vollständig zu rekonstruieren
und damit das Bild vom Leben und Sterben, von den Begleiterscheinungen in der umgebenden belebten und unbeleb-
ten Natur in wesentlicher Weise zu ergänzen. Davon abgesehen, kommt diesen Untersuchungen oft auch eine unmittelbare praktische Bedeutung zu, indem man aus der Erhaltung
und aus dem Vorkommen (besonders auch aus den Lagerungsverhältnissen) der Fossilien wichtige, für die Auffin-
dung von Lagerstätten oft wesentliche Schlüsse zu ziehen
vermag (Feststellung tektonischer Störungen der Schichtfolge
u. a. m.).

1. Erhaltungszustand.

Der Erhaltungszustand zeigt alle nur denkbaren Stufen von fast vollständig (mehr oder weniger unzerstört) bis weitestgehend unvollständig
(mehr oder weniger zerstört) und von fast unverändert bis völlig verändert. Dabei fehlt es jedoch nicht an Fällen, die hinsichtlich der
Vollständigkeit am einen, hinsichtlich der Veränderung aber am ent-
gegengesetzten Ende der Reihe stehen. Ein Stück Hautfetzen einer fossilen Mumie, isoliert gefunden, wäre ein Beispiel für fast unveränderte
und weitgehend unvollständige (fragmentäre) Erhaltung, ein verkieseltes,
sonst intaktes Korallenskelett ein solches für weitgehend veränderte und
fast vollständige Erhaltung.

Der Erhaltungszustand ist (s. o.) das Ergebnis der seit dem Tode ein-
getretenen, d. i. postmortalen Veränderungen und Zerstörungen. Diese
sind vor, während und nach der Bedeckungsphase verschieden.

Veränderungen und Zerstörungen vor der Einbettung. Zuerst und in
der Regel vollkommen zerstört werden, wie die hier wieder ausschlag-
gebende Beobachtung in der Gegenwart lehrt, die Weichteile. Ihre Erhaltung und damit die Überlieferung von skelettlosen Tieren ist eine
seltene Ausnahme (Mumifizierung durch Dörrung, Einpökelung, durch
Frost- oder Eismumien, Erhaltung als Abdruck, s. S. 56 u. 57). Mit der Zerstörung der Weichteile durch Aasfresser, durch die Atmosphärilien, durch
allfällige Verfrachtung durch Wasser oder Wind, durch die oxydativen,
an Luft gebundenen, bzw. reduktiven, auch noch bei mangelndem Luft-
zutritt möglichen Vorgänge der Verwesung bzw. Fäulnis werden auch die
Hartteile in Mitleidenschaft gezogen. Benagungen durch Aasfresser, teilweise Verlagerungen mehrgliedriger Hartteile (Leichenverrückung, Klaffen von Bivalvenschalen, Halskrümmung bzw. sogenannte Knochenkreisbildung bei mehr oder weniger weitgehender Mumifikation der Weichteile vor ihrer Zerstörung) sind häufige Begleiterscheinungen. Die gegen-

seitigen Lagebeziehungen mehrgliedriger Skeletteile oder auch einer Mehrzahl von Skeletten (Hartteilen) kann überhaupt recht aufschlußreich sein. Ein Häutungsrest eines Krebses (z. B. Exuvie) ist unter Umständen aus der gegenseitigen Lage der Teile als solcher kenntlich, eine Verfrachtung oder die Einwirkung strömenden Wassers auf die ruhende Leiche bewirken gesetzmäßig ablaufende Verlagerungen (Einregelung, Einsteuerung, Einkippung u. a.), und die Kenntnis dieser Regeln erlaubt, die einstigen Vorgänge zu rekonstruieren (s. S. 58). Verwitterung, Abrollung, Abscheuerung, Facettierung bis zur Durchscheuerung, Vereinzelung u. a. m. können folgen. Oft ist natürlicherweise der Erhaltungszustand verschiedener Fossilien eines Fundortes ein weitgehend gleicher; oft aber auch umgekehrt ein recht verschiedener (z. B. bei wechselnden Umständen und Bedingungen bei der Einbettung, bei verschiedener Erhaltungsfähigkeit der einzelnen Faunenglieder usf.).

Veränderungen und Zerstörungen im Sediment bzw. Gestein. Sie sind der unmittelbaren Beobachtung in der Gegenwart zum größten Teil nicht zugänglich, aber doch weitgehend erschließbar. Es handelt sich um eine — was wesentlich ist — langdauernde Wechselwirkung zwischen Fossil, Sediment und dem im werdenden Gestein zirkulierenden Wasser, um Lösungen, Fällungen, strukturelle Umwandlungen, um tektonische Deformation, Metamorphose unter Druck- und Wärmewirkung usf. Inkrustation, die bei Eindringen des Inkrustats ins Innere zur Intuskrustation führen kann. Konkretionsbildung (oft mit nachfolgender Auflösung des oder der umschlossenen Fossilreste, von denen ein Abdruck erhalten bleiben kann), können diese Versteinerungs- oder Fossilisationsvorgänge einleiten und begleiten. Ihr Ergebnis ist denkbar vielfältig. Es kann eine Anreicherung von Kalk auch in den Lücken eines schwammigen Skelettes (schwammiger Skelettschichten) aus dem gleichen Material, aber unter struktureller Umwandlung sein (z. B. Kalkspatrhomboëderbildung bei Echinodermen); es kann eine auch substantielle Veränderung sein (Pseudomorphosen, wie Silifikation = Verkieselung, Pyritisierung = Verkiesung usf.); es kann aber auch die völlige Zerstörung des betreffenden Restes selbst sein. Bleibt in diesem Falle ein (äußerer) Abdruck übrig, eine erhärtete Sedimentausfüllung von Innenräumen (Steinkern, mit den Abarten des Skultursteinkernes oder Prägekernes und des Hochglanz-Steinkernes, wird der zwischen Abdruck und Steinkern durch Auflösung etwa einer Muschelklappe (vgl. Abb. 29) entstandene Spalt auskristallisiert (Ausgußbildung), so sprechen wir von Spurerhaltung; zeigt ein Fossil verschiedene Erhaltungsformen nebeneinander, kann man von kombinierter Erhaltung reden. Daß auch die Lebensspur eine bloße Spurerhaltung darstellen kann (z. B. Fährte), aber eine in vivo (= zu Lebzeiten) entstandene, wurde bereits erwähnt (s. S. 52). Im Zuge der weiteren Versteinerung (Petrifizierung, Fossilisation) und vor allem durch die Gesteinswerdung des Sedimentes und die damit verbundenen Vorgänge können Körper- und zum Teil auch Spurfossilien weitere Veränderungen und Zerstörungen erleiden. Auslaugungs-Deformation durch sogenannte „Auslaugungsdiagenese" (oder -metamorphose), Belastungs-Deformation (Druck-Deformation, auch Druck-Lösung), tektonische Deformation und schließlich unter Umständen tektonische Zerstörung durch Regionalmetamorphose wären nur die wichtigsten der hierhergehörigen Erscheinungen.

Veränderungen und Zerstörungen nach erneuter Freilegung. Wenn ein Fossil infolge von Gebirgsbildungsvorgängen, durch Verwitterung oder durch künstliche Bloßlegung wieder an die Oberfläche gelangt, ist es weiteren Zerstörungen und Veränderungen ausgesetzt, die unserer unmittelbaren Beobachtung zugänglich sind. Auswitterung und andere Verwitterungsvorgänge spielen hier die Hauptrolle. Im allgemeinen sind es die gleichen Faktoren und Kräfte, die schon vor der Einbettung wirksam waren, nur fehlen natürlich die meisten biologischen (Aasfresser, Verwesung, Fäulnis, aber nicht Gesteinsbohrer bzw. -ätzer). Dafür kommen die leider oft unvermeidlichen Beschädigungen bei der Bergung, bei der wissenschaftlichen Untersuchung usf. hinzu. Daß auch die einmal konservierten Fossilien in unseren Sammlungen nicht völlig bzw. nicht immer vor dem Weiterwirken verändernder und zerstörender Vorgänge bewahrt werden können, ist bereits S. 54/55 erwähnt worden.

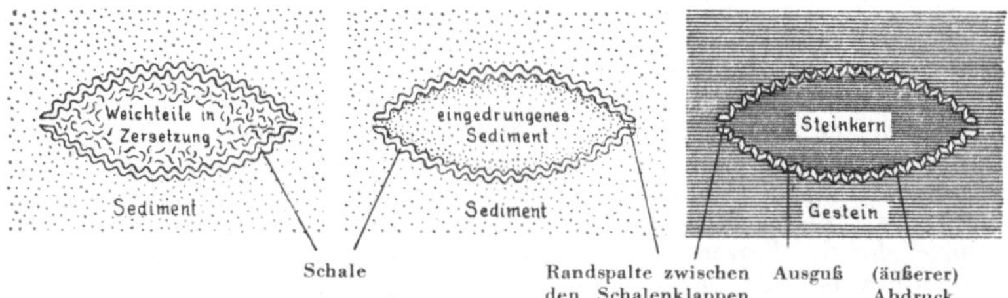

Abb. 29. Schematische Darstellung von Fossilisationsvorgängen bei Muscheln. Das linke Bild soll die Klappen einer Muschel im Schnitt vom Vorder- zum Hinterende des Tieres darstellen, das mit in Zersetzung begriffenen Weichteilen im Sediment zur Einbettung gelangt ist. Im mittleren Bild ist an Stelle der zerstörten Weichteile Sediment entlang der Schalenränder eingedrungen und schmiegt sich der Schaleninnenseite dicht an. Es verhärtet weiter zu einem Steinkern, dessen Oberfläche ein Negativ der Schaleninnenfläche darstellt (rechtes Bild). Inzwischen ist auch außen von der Schale ein Abdruck entstanden, welcher in analoger Weise die Schalenaußenfläche abbildet. Die Schale selbst ist durch Auflösung zerstört und der Raum (zwischen Abdruck und Steinkern) durch einen (kristallinen) Ausguß eingenommen.

2. Vorkommen.

Das, was man das Vorkommen der Fossilien zu nennen pflegt, ist in zweierlei Hinsicht gliederbar: nach der Häufigkeit der Fossilreste im Gestein und nach ihrer Bodenständigkeit.

Vereinzeltes und gehäuftes Vorkommen. Die Gesteine führen, wenn wir von den völlig fossilleeren absehen, Fossilien in allen denkbaren Häufigkeitsgraden. Das eine Extrem, wenn sich nur da und dort einmal ein Fossil findet, bezeichnet man als vereinzeltes, das andere, wenn die Fossilien nahe beieinander liegen, als gehäuftes Vorkommen. Tritt das Gestein gegenüber den Fossilien ganz zurück, spricht man auch von einem gesteinsbildenden Vorkommen; dabei sind jedoch von den „Fossilien als Gesteinsbildnern" die „Organismen als Gesteinsbildner" zu unterschei-

den, d. h. die Fälle, wo schon die Lebenstätigkeit zur Gesteinsbildung
führt bzw. geführt hat (Riffbildner u. a.).

Das vereinzelte Vorkommen bietet in der Regel wenig weitere Probleme, die Vereinzelung selbst ist ja nach dem allgemeinen Ablauf von
Sterben und Vergehen sozusagen der Regelfall. Anders das gehäufte
Vorkommen. Bei ihm taucht immer die Frage auf, ob die Häufung eine
primäre ist, d. h. einem Leben in größeren Verbänden artgleicher oder
auch artverschiedener Organismen entspricht, oder ob sie etwa einem
katastrophalen Massensterben, einer allmählichen Anreicherung in sogenannten Tierfallen (z. B. Rancho-La-Brea-Erdwachssumpf in Kalifornien
seit dem Plistozän), an Fraß-, Häutungs- bzw. Sterbeplätzen ihre Entstehung verdankt oder auch auf mechanische Verfrachtung durch Wasser bzw. Wind, auf chemische durch „Auslaugungsdiagenese" (s. S. 56)
zurückgeht. Wie und wieweit man das entscheiden kann, läßt sich mit
wenigen Worten nicht sagen. Die einzelnen Fälle sind zu wechselnd für
ein knappes Schema. Ob die Häufung nach artlichem und altersmäßigem
Aufbau (nach dem Zahlenverhältnis zwischen Raub- und Beutetieren.
alt und jung usw.) einer natürlichen Lebensgemeinschaft einigermaßen
entspricht, wobei auch die verschiedene Erhaltungsfähigkeit bzw. -mög-
lichkeit (z. B. Tiere ohne Hartteile, Selektiv-Diagenese) in Rechnung zu
stellen ist, ob Anzeichen einer Verfrachtung vorliegen usw., sind nur
einige der in Betracht kommenden allgemeinen Gesichtspunkte. Sehr
wesentlich ist hier vor allem auch, ob eine Verfrachtung stattgefunden
hat oder nicht. Um dies festzustellen. bedienen wir uns der Erkenntnisse der Stratonomie (griech. stratos = Lager, Lagerung, Schichte, nomos
= Gesetz), welche die mechanischen Lagebeziehungen innerhalb der
Schicht und ihre Gesetzmäßigkeiten erforscht, genauer der Biostratonomie,
welche die Lagebeziehungen der Fossilien und ihrer Teile zueinander und
zum Gestein untersucht und somit als ein Teilgebiet der Paläobiologie
aufzufassen ist. Sie lehrt uns nun durch die Beobachtung der analogen
jetztzeitlichen Vorgänge, daß bei Verfrachtungen von Organismenresten
eine Frachtsonderung nach Form und Gewicht eintritt, daß es beim An-
driften zu Einregelungen, falls einseitige Verankerung statthat, zu Ein-
steuerungen kommt, sie ergründet auch die Verlagerungen von Häutungs-
resten, die Leichenverrückung, die Knochenkreisbildung und die sonstigen auf S. 55/56 genannten Verlagerungserscheinungen. Und sie zeigt, daß
hier Gesetzmäßigkeiten herrschen, die zur Aufstellung von Regeln („Un-
terkiefergesetz" Weigelts. des Begründers der Biostratonomie, Einbet-
tungsregel muschelförmiger Körper Richters u. a.) berechtigen. Auf
Grund dieser Erfahrungen ist es in vielen Fällen gelungen, die Frage,
ob und wie eine Verfrachtung zur Häufung der Fossilreste geführt hat,
zu klären. In vielen anderen freilich war das nicht möglich, weil die
Vielfalt der Kombinationsmöglichkeiten nicht immer ein eindeutiges Ur-
teil gestattet, vor allem auch. weil bei der Bergung durch biologisch zu
wenig geschulte Personen leider oft nicht auf alle Einzelheiten des Vorkommens geachtet wurde und wird, die für die sichere Entscheidung von
Belang sind. Wenn aber die Gesteinsplatten und Handstücke einmal in
den Präparierwerkstätten oder Sammlungsräumen liegen, ist eine Entscheidung über die Ursachen einer Häufung und damit über ein bisweilen
ganz erhebliches Stück Lebensgeschichte meist nicht mehr zu erzielen.

Autochthones und allochthones Vorkommen. Eine Verfrachtung kann
innerhalb eines und desselben Biotops erfolgen, sie kann vom Land
durch Flüsse hinaus an den Meeresstrand, sie kann von der Hochsee nach

der Küste hin, ja durch Wind auch vom Wasser landeinwärts geschehen. Eine Verfrachtung kann aber auch stattfinden aus einer älteren Gesteinsschicht in eine jüngere, wenn jene durch Freilegung von den Kräften der Verwitterung, durch die Tätigkeit von Wind, Wasser oder Eis (Insolation, Deflation, Erosion, Abrasion, Denudation im allgemeinen) zerstört und aufgearbeitet wird. Es ist nun ebenso wichtig, zu entscheiden, ob überhaupt eine Verfrachtung stattgefunden hat, wie, ob durch sie eine Verbringung aus dem örtlichen oder gar auch aus dem zeitlichen Lebensbereich erwirkt wurde, ob im Falle eines gehäuften Vorkommens, im Falle einer Fauna alle Fossilarten oder nur ein Teil derselben verfrachtet wurde, ob und inwieweit also eine Fälschung des Faunenbildes erfolgt ist, ob mit anderen Worten eine wirkliche Lebensgemeinschaft mit der schon erwähnten Einschränkung (ohne skelettlose Tiere, s. S. 55) überliefert ist oder bloß eine Totengesellschaft (**Thanatocoenose**) ohne solche In-vivo-Bindung aller ihrer Teile vorliegt. Bei der Wichtigkeit einer tunlichsten Klärung in diesen Belangen — sie ist ja nicht nur für die Lebensgeschichte bedeutungsvoll, sondern mindestens ebensosehr für die Erdgeschichte (besonders die Stratigraphie, d. i. Schichtbeschreibung, Lehre von der Schichtfolge) und für die angewandte Geologie — hat sich das Bedürfnis einer kurzen terminologischen Kennzeichnung der Hauptfälle ergeben, für die ich folgende, inzwischen von vielen anderen Forschern übernommene Gliederung vorgeschlagen habe:

Autochthones, bodenständiges Vorkommen (griech. autos = derselbe, chthon = Erde, Boden): Keine Verfrachtung außerhalb des Lebensraumes, Fundort (F) = Wohnort (W) bzw. Wohnbereich (Wb); auch Todesort (T) und Begräbnisort (B) = W bzw. Wb.

Allochthones, ortsfremdes Vorkommen (griech. allos = der andere): Verfrachtung außerhalb des Lebensraumes. W (Wb), T, B, F nicht sämtlich ident; wenn Einbettung endgültig in zwar ortsfremder, aber W (Wb) zeitlich äquivalenter Schicht erfolgt ist: **Synchron-allochthon** (griech. chronos = Zeit, also mit- bzw. gleichzeitig), wenn nachträgliche Umlagerung in zeitverschiedene jüngere Sedimente stattgefunden hat (mehrere B): **heterochron-allochthon.**

Grenzfälle: Verfrachtung (Verbringung) geringfügigen Umfanges innerhalb Wb (z. B. Verschleppung der Beute zum Freßplatz, etwa in eine Höhle aus deren unmittelbarer Umgebung u. dgl.); **parautochthones Vorkommen.** Verfrachtung außerhalb W (Wb), aber schließlich wieder dorthin zurück — falls nachweisbar: **pseudoallochthones Vorkommen.**

Die Einreihung in eine oder auch mehrere dieser Gruppen läßt sich freilich nicht immer mit der wünschenswerten Sicherheit durchführen, und zwar in der Hauptsache aus den gleichen Gründen, die schon beim gehäuften Vorkommen als der Auswertung Grenzen setzende genannt wurden (s. S. 58). Denn in der Mehrzahl der Fälle geht es hier ebenfalls um ein gehäuftes Vorkommen; ein vereinzeltes Vorkommen bedarf auch in bezug auf Autochthonie und Allochthonie viel seltener einer eingehenden Analyse.

H. Paläofaunistik (Faunengeschichte).

Wie heute die Erde in ihren einzelnen Teilen verschiedene Tier- und Pflanzengesellschaften besiedeln, so hat es auch in der erdgeschichtlichen Vergangenheit jeweils eine Mehrheit von Faunen und Floren gegeben. Ihre Untersuchung ist Aufgabe der **Paläofaunistik** (bzw. **Paläofloristik** oder **Florengeschichte**). Zwei Dinge sind da in allererster Linie wichtig: die zeitliche Aufeinanderfolge der vorzeitlichen Faunen und Floren sowie ihr biologischer Charakter. Jene gibt der Lebens- und Stammesgeschichte gleichsam die chronologischen Daten für den Wandel des Lebens in der Zeit **(Bio-Chronologie,** vom griech. chronos == Zeit); dieser zeigt uns, ob Warm-, ob Kalt-, ob Wald- oder Steppen-, Marin-, Brack- (Salzsüß-) oder Süßwasser-, Still- oder Bewegtwasserfaunen usw. vorliegen. Die Ermittlung dieser **„Biofazies"** (lat. facies == Antlitz, Beschaffenheit) ist Aufgabe der **Chorologie** (vom griech. chora == Ort, Platz, also etwa Ortskunde).

Die chorologische Forschung bedient sich der paläobiologischen Analyse der einzelnen Faunenelemente wie der aus dem Sedimentcharakter zu gewinnenden Hinweise auf die Verhältnisse im seinerzeitigen Ablagerungsbereich. Sie muß dabei einerseits die oft naheliegende Gefahr von Zirkelschlüssen vermeiden, vor allem aber muß sie vorerst stets die Art des Vorkommens berücksichtigen. Denn es liegt auf der Hand, daß eine aus orts- und vielleicht auch zeitverschiedenen Elementen zusammengesetzte Thanatocoenose eine Fülle von Fehlschlüssen in bezug auf „Biofazies", Altersstellung usw. hervorrufen kann, wenn sie nicht als solche erkannt, sondern für den Ausschnitt einer natürlichen Lebensgemeinschaft gehalten wird.

Eine allgemeine Faunengeschichte auf moderner, paläobiologischer Grundlage steht noch aus. Hingegen liegt bereits eine große Zahl von gründlichen, zum Teil vorzüglichen Faunenanalysen vor. So etwa, was Landfaunen angeht, über die eiszeitliche Tierwelt, über die „Fauna" des Erdwachssumpfes von Rancho La Brea (s. S. 58), über die Pikermifauna, die europäische miozäne Landfauna u. a. m. Die aquatischen Faunen des Wiener Beckens, welche die Geschichte dieses Beckens im Jungtertiär, vom Eindringen des Meeres nach dem Niederbruch des Beckens an bis zu seiner Verbrackung im Sarmat, seiner völligen Aussüßung und allmählichen Verlandung im Pliozän ermitteln ließen, haben auch schon Flach- und Steilküsten-, Still- und Bewegtwasserfaunen, wie -biotope feststellen, außer Salzgehalt auch die Temperaturverhältnisse u. a. Umweltsbedingungen einigermaßen sicher umgrenzen lassen. Die Analyse der unterdevonischen Hunsrückschieferfauna, der liassischen Holzmadener Fauna, der oberjurassischen Fauna von Solnhofen, der so eigenartigen Fauna des Flyschmeeres wären Beispiele für schwierigere Fälle, wo neben der Selektiverhaltung (== Ausleseerhaltung, Hunsrückschiefer besonders Stachelhäuter, Flysch fast nur Lebensspuren) die Verfälschung des Faunenbildes durch synchron-allochthone Elemente eine Rolle spielt, ja die Frage, ob und für wen der Fundraum auch der Lebensraum war (Hunsrückschiefer, Holzmaden, Solnhofen), ob es sich vielleicht nicht bloß um lebensfeindliche Grabesräume handle (Hunsrückschiefer, Holzmaden) und ähnliche, noch heute nicht in allen Fällen eindeutig geklärte Probleme aufgerollt worden sind. Auch die Untersuchungen der Weigeltschen Schule über die mitteleozäne Fauna aus der Braunkohle des Geiseltales (unweit Halle a. S.) seien hier noch, weil methodisch vorbildlich wie ergebnisreich, als letztes Beispiel genannt.

Paläofaunistik (und Paläofloristik), Bio-Chronologie und Chorologie sind aber nicht nur Aufgaben lebensgeschichtlicher Forschung. Manche ihrer Ergebnisse: die Feststellung der für die einzelnen Schichten kennzeichnenden Fossilien, die Beschreibung der faunistischen (floristischen) und chorologischen Verhältnisse der fossilführenden Schichten sind wesentliche und unentbehrliche Voraussetzungen für die richtige Beurteilung der gegenseitigen Altersstellung bzw. der zeitlichen Aufeinanderfolge der Gesteinsschichten wie für die Erkundung der Geschichte von Festländern und Meeren. Daher sind die mit beiden vorerwähnten Ergebnissen lebensgeschichtlicher Forschung befaßten Fächer, die Leitfossilienkunde und die Bio-Stratigraphie (griech. graphein = schreiben, beschreiben), Hilfswissenschaften der stratigraphischen (= schichtlagerungsbeschreibenden) und historischen Geologie, aber auch aller anderen, auf diese angewiesenen oder von ihnen abhängigen geologischen Teilgebiete, wie der regionalen Geologie, der Paläogeographie, der vergleichenden Tektonik. Selbst praktische Geologie, Lagerstättenkunde usw. können — vgl. z. B. die Erdölgeologie — auf die Dienste der „angewandten Paläontologie" (= Leitfossilienkunde + Bio-Stratigraphie) nicht verzichten[5].

---

[5] So kam es ja auch, daß die gesamte Paläontologie, insonderheit die Zoo-Paläontologie, eben aus diesem Grenzbereiche biohistorischer und geohistorischer Forschung als Hilfswissenschaft der Geologie ihren Ausgang genommen hat (s. S. 5). Wenn aber noch heute manche Geologen die Meinung vertreten, daß die paläontologische Forschung nur diese Aufgabe zu erfüllen hätte. auf sie zu konzentrieren, ja zu beschränken sei, so verrät solche Einstellung nicht nur einen völligen Mangel an Verständnis für die lebensgeschichtliche Bedeutung der Paläontologie, sondern verkennt vor allem, daß sie auch den Interessen der Geologie zuwiderläuft. Bei der heutigen Lage der Dinge — das sollte doch wenigstens in wissenschaftlichen Kreisen nirgends mehr unbekannt sein — steht und fällt jede angewandte Wissenschaft mit der zugehörigen Grundlagenforschung. Alle Förderung dieser muß sich auf jene vorteilhaft, alle Beeinträchtigung nachteilig auswirken. Auch in der Paläontologie ist es nicht anders. Ein Abwürgen der Grundlagenforschung muß unweigerlich ein Verdorren der angewandten Forschung nach sich ziehen und damit schließlich auch „den tragenden Eckpfeiler der Geologie" (Schindewolf) zum Einsturz bringen.

II. Stammesgeschichte.

A. Definition und Umgrenzung, chronologische Grundlagen.

1. Definition und Umgrenzung.

Stammesgeschichte ist eine besondere Form der Lebensgeschichte; sie untersucht den Wandel der Organismengruppen in der Zeit und seine Gesetzmäßigkeiten sowie, auf der Abstammungslehre (Deszendenztheorie) fußend, deren verwandtschaftliche Beziehungen. Indem sie so die lebensgeschichtlichen Urkunden phylogenetisch auswertet, liefert sie als „Paläo-Phylogenie" der Lehre von der Evolution oder Stammesentwicklung (Phylogenie) noch unentbehrlichere Grundlagen als die Embryologie, die vergleichende Anatomie, die vergleichende Physiologie, die Erblehre (Genetik) usw., sofern diese untersuchen, was das jetztzeitliche organische Geschehen und die jetztzeitlichen Organismen phylogenetisch auszusagen vermögen („Neo-Phylogenie"). Unmittelbarer Ausgangspunkt für stammesgeschichtliche Untersuchungen ist die zeitliche Gliederung und Abfolge der Organismengruppen bzw. auch der Faunen und Floren (Faunen- und Florengeschichte).

2. Chronologische Grundlagen.

Das Leben auf der Erde ist im Laufe der Zeit einem ebenso vielfältigen und mannigfachen Wandel unterlegen wie die Erdoberfläche selbst. Wie die Verteilung von Wasser und Land, von Gebirgen und Ebenen sich immer wieder geändert hat, wechselten Tier- und Pflanzenwelt (Fauna und Flora), tauchten andauernd neue Formen auf, während alte verschwanden.

In der ältesten Zeit der Erde, dem Sternzeitalter, da diese erst im Zuge der Bildung des Planetensystems zu einem eigenen Weltkörper wurde, und im folgenden Archaikum oder Azoikum (Erd-Vorzeit), als sie bereits eine feste Kruste erhielt, aber vorerst noch ob der hohen Temperaturen ohne Wasser (Hydrosphäre) war (anhydrische = wasserlose Periode), fehlte für ein Leben von dessen heutiger Organisation die grundlegende Voraussetzung. Sie kann erst in der zweiten, ozeanischen Periode des Archaikums, als zwischen Atmosphäre und Lithosphäre die Hydrosphäre entstand und die Temperatur weiter sank, verwirklicht worden sein. Aber erst aus dem folgenden Archäozoikum (griech. archaios = uranfänglich), der Erd-Urzeit, und zwar vor allem aus dessen jüngerem, oft als Proterozoikum (griech. proteros = früher) unterschiedenen Abschnitt, sind uns die ersten Spuren von Leben überliefert. Sie sind freilich recht spärlich, denn vieles mag in der langen, seither verflos-

senen Zeit wieder zerstört worden sein, zumal die allein gut erhaltungs-
fähigen Hartteile vielleicht noch minder verbreitet und noch weniger fest
waren, mithin den Kräften der Zerstörung schlechter widerstehen konnten. Immerhin, so viel an Resten liegt doch vor, daß wir das Vorhandensein von niederen Pflanzen (Algen), von Coelenteraten, Mollusken,
Brachiopoden und wahrscheinlich auch von Arthropoden als erwiesen
betrachten dürfen.

Demnach stand das Leben, als es uns erstmalig dokumen-
tarisch nachweisbar ist, durchaus nicht mehr an seinem Beginn. Über seinen Anfang und seine Entstehung vermögen
uns daher die fossilen Urkunden beim heutigen Kenntnis-
stande keinen Aufschluß zu geben. Was wir auszusagen vermögen ist allein, daß das Leben auf der Erde unvorstellbar
alt ist. Nach dem Zerfallsgrad der radioaktiven Bestandteile
in den ältesten Gesteinen wird die seit der Bildung einer festen Erdrinde bis zur geologischen Gegenwart verflossene
Zeit auf etwa 2 Milliarden Jahre veranschlagt, soll das Ende
des Proterozoikums, wo also Leben schon längst vorhanden
war (s. o.), über 500 Millionen Jahre zurückliegen.

Auf jene „vorgeschichtliche Zeit des Lebens" folgten seine
„geschichtlichen Zeitalter": das Paläozoikum oder Erdaltertum, das Mesozoikum oder Erdmittelalter und das Känozoikum oder Erdneuzeit.

Das **Paläozoikum** wird in das Altpaläozoikum mit den Formationen
Kambrium, Silur, Devon und in das Jungpaläozoikum mit den Formationen Karbon und Perm unterteilt[6]. Man veranschlagt seine Dauer auf
über 300 Millionen Jahre und die Gesamtmächtigkeit der in ihm abge-
lagerten Gesteinsschichten auf 34 km. Zwei mehrphasige Gebirgsbildungen.
altpaläozoisch, und zwar prädevonisch, die kaledonische, jungpaläozoisch,
die herzynische oder variszische, fanden in weiten Teilen der Erde statt.
Meere von vielleicht größerer Ausdehnung als heute trennten je eine in
sich mehr oder minder einheitliche Festlandsmasse im Norden und Süden.
Vielfach muß das Klima warm und feucht gewesen sein, so etwa im
Bereiche der Sumpfwälder der Karbon- oder Steinkohlenzeit. Aber auch
an trockenen, wüstenähnlichen Gebieten kann es nicht gefehlt haben, z. B.
im alten roten Nordland (Old Red) des Devon. Und für die südlichen
Kontinentalgebiete, das sogenannte Gondwanaland, das auch Vorderindien
mitumfaßte, sind mehrfach, besonders aber aus der Permzeit, Spuren von
Vereisungen nachgewiesen worden.

An **Pflanzen** sind prädevonisch bloß Algen bekannt, doch besagt dies
nicht, daß eine Vegetationsdecke aus höheren Pflanzen noch völlig gefehlt
hat. Nachgewiesen sind solche freilich bis nun erst aus dem Devon. Von
da an kennen wir Farnbäume, baumförmige Bärlapp- und Schachtelhalm-
gewächse, dann mehr oder weniger Bindeglieder zwischen Farnen (Pteri-

---

[6] Bisweilen werden an Stelle des Silurs zwei selbständige Formationen
unterschieden: das Ordovicium ($=$ Unter-Silur der obigen Einteilung) und
das Silur ($=$Ober-Silur der obigen Einteilung).

dophyten) und Cycadeen (Gymnospermen), die sogenannten *Cycadofilices* oder *Pteridospermae,* endlich treten auch die ersten echten Gymnospermen (nacktsamige Blütenpflanzen) hinzu. Die meisten dieser Pflanzen sind uns aus dem kohlenführenden Karbon bekannt und waren mehr oder weniger wasser- bzw. feuchtigkeitsgebunden; doch werden auch Trockenformen kaum ganz gefehlt haben.

Die **Tierwelt** verteilt sich bereits auf alle großen Stämme mit Ausnahme der aus dieser Zeit noch nicht bekannten Vögel und Säugetiere. Sie ist uns vor allem aus dem marinen, zum Teil aber auch aus dem fluviatil-lakustrischen (Flüsse und Seen) wie aus dem terrestrischen Lebensbereich überliefert. Unter den *Protozoa* sind die Foraminiferengattungen *Fusulina* und *Schwagerina* als wichtige permokarbone Leitfossilien zu nennen, unter den *Spongiozoa* (Schwämmen) die *Archaeocyathina* als eine besondere, nur aus dem älteren Altpaläozoikum bekundete, früher übrigens zu den Korallen gerechnete Gruppe bemerkenswert. An Coelenteraten wären weiter die wahrscheinlich zu den *Hydrozoa* gehörigen *Stromatoporida* anzuführen, die gelegentlich (Devon der Eifel) gesteinsbildend auftreten. Die verbreitetsten *Anthozoa* (Korallen) waren die *Tetra-* oder *Pterocorallia* und 'die *Tabulata.* Jene umfaßten neben Einzelformen, wie *Streptelasma, Zaphrentis, Omphyma, Calceola* usf., solche, die, wie *Cyathophyllum* auch Stöcke gebildet haben, diese, mit *Halysites, Favosites* u. a., waren sämtlich Stockformen und enthalten in der Gattung *Pleurodictyum* den ältesten Beleg für die noch heute häufige Lebensgemeinschaft zwischen Korallen und Würmern (s. S. 51). Recht eigenartige, fast ganz auf das Silur beschränkte und dort als Leitfossilien bedeutsame Tiere waren die *Graptolithida.* Meist zu den *Coelenterata* gezählt und in die Nähe der *Hydrozoa* gestellt, werden sie mitunter auch mit den *Bryozoa* (Moostierchen) in Beziehung gebracht. Röhrenwürmer haben nicht nur die Kolonien der Korallengattung *Pleurodictyum* befallen, sondern in wattenmeerartigen Küstengebieten auch selbst kleine Riffe gebildet, so *Scolithus* im Kambrium und *Sabellarifex* im Devon (vgl. S. 47). Besonders kennzeichnend sind die *Trilobita* (Dreilapper), eine rein paläozoische, vor allem im Altpaläozoikum reich vertretene und viele Leitfossilien liefernde Gruppe der *Arthropoda,* die man bald mit den Krebsen, bald mit den Spinnenartigen näher verwandt hält. Auch sie waren gleich fast allen Vorgenannten Bewohner des Meeresbodens, wenngleich einzelne auch ein besseres Schwimmvermögen besessen haben dürften. Ihr der Länge wie der Quere nach dreigeteilter Rückenpanzer hat ihnen den Namen gegeben. Andere Arthropoden waren die *Gigantostraca* und weitere *Merostomata,* also dem heutigen Molukkenkrebs *(Limulus)* nahestehende und gleich ihm jetzt zu den *Arachnomorpha* (Spinnenartigen) gerechnete Formen, dann echte Spinnen, Tausendfüßer und Insekten. Da die Trilobiten Meeresbewohner, die Merostomen zum Teil wohl Süß- und Brackwasserformen, die Spinnen Land- und die Insekten des Paläozoikums gleich den jetztzeitlichen vornehmlich Flugtiere waren, hatten die Arthropoden bereits im Paläozoikum alle großen Lebensbereiche erobert. Unter den *Mollusca* standen allem Anscheine nach die Muscheln und Schnecken — beide von ihren heutigen Formen nur wenig und nicht grundsätzlich verschieden — weit hinter den *Cephalopoda* oder Kopffüßern zurück. Die *Nautiloidea* mit ihren meist geradegestreckten oder nur wenig gekrümmten, gekammerten Gehäusen (*Orthoceras, Cyrtoceras, Gomphoceras* usw.) hatten den Höhepunkt ihrer Entwicklung wohl schon im Silur und Devon. die *Ammonoidea* mit meist vollständig eingerollten Schalen begannen um diese Zeit erst mit Goniatiten und Clymenien in Erscheinung zu treten. Von den beiden Gruppen der *Tentaculata* spielten die *Bryozoa* im Jungpaläozoikum, vor allem in der Permformation, als Riffbildner eine gewisse Rolle, während die *Brachiopoda* fast das ganze Paläozoikum hindurch in hoher Blüte standen. *Spirifer, Stringocephalus, Productus* u. v. a. sind wieder als Leitformen von Bedeutung. Dem marinen Lebensbereiche gehörten neben den genannten Mollusken und Tentaculaten ferner die *Echinodermata* (Stachelhäuter) an. Unter ihnen waren die *Echinoidea* (Seeigel) nur durch wenige, in ihrem Schalenbau altertümliche Formen vertreten, die See- und Schlangensterne *(Asterozoa)* anscheinend nur in gewissen Devongebieten häufig. Ihre Blütezeit hatten hingegen im Paläozoikum die heute nur mehr in wenigen Formen existierenden *Pelmatozoa* (= Stieltiere), welche neben den bis in die Jetztzeit reichenden *Crinoidea* oder Seelilien noch die sämtlich auf das Paläozoikum beschränkten Gruppen der *Cystoidea* oder Beutelstrahler, der *Blastoidea* oder Knospenstrahler sowie der *Carpoidea* und *Thecoidea* umfaßten.

Auch Wirbeltiere waren dem Paläozoikum keineswegs fremd. Schon vom Silur an kennen wir Verwandte der heutigen *Cyclostomata* (Rundmäuler), also *Agnathi* oder Kieferlose als Bewohner mariner und auch süßer Gewässer. Schwer gepanzert im Vorderkörper wie sie waren die bereits zu den *Gnathostomata*, d. h. den kiefermündigen Wirbeltieren zu rechnenden „Panzerfische", die *Placodermi*. Die *Acanthodi,* mit anfänglich mehr als zwei Paaren paariger Flossen, Haie und Knochenfische, vor allem *Crossopterygii* (Quastenflosser), *Dipneusti* (Lungenfische) und sogenannte „*Ganoidei*" oder Schmelzschupper haben die Fischfauna des Paläozoikums vervollständigt, die noch weniger gewandt schwimmende Hochseeformen und mehr trägere Bodenformen, aber ebenso Meeres- wie Süßwasserbewohner umfaßte. Bereits aus dem Devon sind uns auch die ersten Amphibien in Gestalt der *Stegocephalia* oder Dachschädler überliefert, die mehr und mehr das Festland eroberten und die Abhängigkeit von Wasser und Feuchtigkeit teilweise wohl weitgehend zu verringern wußten. Einzelne von ihnen haben Längen von mehreren Metern erreicht. Im Jungpaläozoikum traten als Landwirbeltiere die ersten *Reptilia* an ihre Seite, besonders die in manchem noch stark stegocephalenhaften *Cotylosauria* und die eigenartigen *Theromorpha,* eine vielgestaltige, amphibiotische (wasser- und landlebende) wie echte Trockenland-Formen umschließende Gruppe, in der auch die Säugetiere wurzeln dürften.

Das **Mesozoikum,** dessen Dauer auf etwa 140 Jahrmillionen geschätzt wird, dessen Gesteinsschichten eine Gesamtmächtigkeit von 26 km errechnen ließen, wird in die Trias-, Jura- und Kreideformation gegliedert. Die Ablagerungen der Trias sind ebensowenig überall — besonders auf der Südhalbkugel nicht — scharf gegen die Schichten der Permzeit abzugrenzen wie die kretazischen, d. h. der Kreide zugehörigen Sedimente gegen jene des nachfolgenden Känozoikums. Im ganzen gesehen, mag vielleicht das Erdmittelalter als eine im Vergleich zum Erdaltertum ruhigere Ära erscheinen, in weiten Teilen der Erde liegen mesozoische Schichten noch heute flach und ungefaltet da. In anderen aber haben Gebirgsbildungen nicht gefehlt. So setzte in den Alpen, die in dem damals weite Teile des Erdballes umspannenden Mittelmeer, der Tethys, eine Archipellandschaft nach Art der heutigen indomalayischen Inselwelt gebildet haben dürften, zur mittleren Kreidezeit die sogenannte prägosauische Faltung ein. Meer und Land, feuchte und trockene Gebiete, dicht bewachsene und öde Landstriche wechselten räumlich und wohl auch zeitlich da und dort miteinander ab, wärmere und kühlere Räume wie Zeiten werden uns auch durch die Verteilung gewisser Meerestiere angezeigt. Eine ausgesprochene Vereisung hingegen ist bis nun aus dem Mesozoikum nicht bekannt.

Der **Pflanzenwelt** gaben die Gymnospermen mit Cycadeen, Gingkobäumen und Koniferen das Gepräge. In der zweiten Hälfte der Kreidezeit gesellten sich zu ihnen bereits Angiospermen (bedecktsamige Blütenpflanzen) hinzu.

Die **Tierwelt** war keineswegs minder stark von der des Paläozoikums verschieden, wenngleich der Wechsel nicht völlig abrupt erfolgt zu sein scheint. Wieder treffen wir Einzeller und die verschiedensten Stämme der Vielzeller. Aber statt der in der Trias gänzlich verschwindenden *Tetracorallia* oder *Rugosa* kommen jetzt die modernen, d. h. auch noch der geologischen Gegenwart angehörigen *Hexa-* oder *Cyclocorallia;* sie bauen Riffe gewaltigen Ausmaßes auf. So in der alpinen Trias etwa *Thecosmilia clathrata,* während z. B. im Gosaumeer der Oberkreidezeit neben Riffbildnern Einzelkorallen wie *Cyclolites* als Leitfossilien von Bedeutung sind. An Stelle der Trilobiten gelangen *Crustacea* modernen Gepräges zu reicherer Entfaltung, an Stelle der auf wenige, aber mitunter (z. B. *Encrinus* im deutschen Muschelkalkmeer der Mitteltrias, *Pentacrinus* im unteren Jura) häufige Crinoiden-Gattungen zurückgegangenen Pelmatozoen treffen wir reichlich reguläre und vom Jura an auch sogenannte irreguläre Seeigel. *Agnathi* und *Placodermi* sind verschwunden; die Schmelzschupper, die z. B. in der Trias „Flugfische" hervorbrachten, treten bald hinter den nicht-schmelzschuppigen Knochenfischen zurück. Die Brachiopoden erscheinen ähnlich den Crinoiden auf wenige, noch stellenweise häufige Gattungen beschränkt, während Muscheln wie Schnekken einen unverkennbaren Aufschwung nahmen und jene in Formen wie *Megalodon* in der alpinen Trias, *Hippurites* in der Gosaukreide u. v. a., diese in *Actaeonella* (Gosaukreide), *Nerinea* (Jura und Kreide) und ebenfalls zahlreichen weiteren Gattungen wichtige Leitfossilien liefern. Im ganzen von anscheinend nur geringer Bedeutung waren im Mesozoikum Vögel und Säugetiere. Die ersten Reste von Vögeln stellen die Funde des Urvogels *Archaeopteryx* aus dem Oberjura von Solnhofen (Bayern) dar, aus der Kreide sind uns auch schon flugunfähig gewordene Wasservögel bekannt. Die ältesten Säugerfunde stammen aus der deutschen und südafrikanischen Trias; sie gehören gleich den meisten der im ganzen recht spärlichen Säuger aus Jura und Kreide vornehmlich seither erloschenen Gruppen (*Multituberculata* u. a.) an. Aus der Oberkreide sind indessen auch bereits *Marsupialia* und *Insectivora,* und zwar aus Nordamerika bzw. aus der Mongolei nachgewiesen. Die Tiergruppen aber, die den mesozoischen Faunen so eigentlich ihr kennzeichnendes Gepräge gegeben haben, waren einerseits die Ammoniten und Belemniten, anderseits die Reptilien.

Die *Ammonoidea* erlebten im Mesozoikum ihre Blüte und an seiner oberen Grenze auch ihr Ende. Sie haben Welt- und Binnenmeere bevölkert und da wie dort eine Fülle von Leitformen geliefert. *Ceratites* im germanischen Rand- und Nebenmeer der mitteltriassischen Tethys, *Pinacoceras, Tropites, Trachyceras, Arcestes* in der Trias des eigentlichen Tethysmeeres, *Lytoceras, Aegoceras, Amaltheus, Harpoceras, Stephanoceras, Cosmoceras* in Jura und Kreide sind nur willkürlich aus der kaum übersehbaren Fülle herausgegriffene Namen. Die *Belemnoidea* gingen in der Trias wohl aus den letzten orthoceren Nautiloideen hervor, indem das Gehäuse von Weichteilen umgriffen, dann stark rückgebildet wurde. Damit näherten sich diese (mit einem meist allein überlieferten, Rostrum genannten kalkigen Dorn oder Stachel versehenen) rein mesozoischen Belemniten schon beträchtlich den modernen Kopffüßern, deren erste Vertreter uns gleichfalls bereits im Erdmittelalter begegnen.

Der Stamm der *Reptilia* hat im Mesozoikum eine große Zahl von seither wieder verschwundenen Gruppen hervorgebracht. Zu den noch in die Trias hinaufreichenden Cotylosauriern und Theromorphen gesellten sich, in wenigen Resten bereits aus dem Perm bekannt, die Schildkröten, die sich bald auch das Meer als Lebensraum eroberten. Dort waren auch die äußerlich weitgehend fischähnlichen *Ichthyosauria,* die Meereskrokodile, die in manchen Körperproportionen an riesige Meeresschildkröten erinnernden, aber panzerlosen *Plesiosauria,* die diesen nicht unähnlichen, jedoch mit pflastersteinförmigen Zähnen bewehrten *Placodontia,* die schlangenartigen, aber mit flossenartigen Gliedmaßen versehenen *Mosasauria* zu Hause, die alle zum Teil recht beträchtliche Ausmaße erreichten. Mehr amphibiotisch, ja oft reine Land- und mitunter selbst ausgesprochene Steppen- oder Wüstentiere waren die *Dinosauria.* Vierbeinige, plumpe und wohl auch träge Formen, nicht minder gewaltige zweibeinige Räuber waren fast über alle damaligen Festländer verbreitet, einzelne von ihnen Längen bis zu 35 m, Höhen bis zu 12 m erreichend, andere auch kaum mehr als katzengroß usf. Manche trugen Hörner und mächtige Knochenschilder, Stacheln und knöcherne Platten auf Schädel oder Rumpf, was die Fremdartigkeit ihres Äußeren noch erhöht haben muß. Diesen Land- und Wasserreptilien sind noch die *Pterosauria* hinzuzufügen, die Flugsaurier. Vielfach klein an Gestalt und nur wenig gewandte Flatterflieger nach Art unserer Fledermäuse — sie besaßen gleich diesen Flughäute, die aber zum Teil in anderer Weise gespannt wurden —, gab es auch des Drachen- wie des Segel- bzw. Gleitfluges mächtige Formen unter ihnen, wie uns Größe und sonstige Ausmaße der Flughäute bezeugen. In *Pteranodon* aus der oberen Kreide Nordamerikas haben sie das größte Flugtier aller Zeiten mit einer Flughautspannweite von acht Metern (von der Spitze der rechten zu jener der linken Flughaut gemessen) hervorgebracht.

Mit dem Beginn des **Känozoikums** kündet sich eine neue und, rückschauend betrachtet, mehr oder weniger moderne Zeit an. Schon die Ablagerungen an sich bezeugen uns das. Quarzite und Schiefer treten zurück, lockere, d. h. bis heute noch nicht zu Gesteinen verfestigte Sedimente werden häufiger. Meer und Land haben ihre derzeitige Umgrenzung in erheblichen Teilen bereits erreicht, die noch eintretenden, im einzelnen immerhin merklichen Verschiebungen sind, im ganzen gesehen, doch gering. Weniger Meeresboden ist mithin seither trockengelegt worden, und so sind auch die Meeresfaunen, so reich sie da und dort aufgeschlossen sein mögen, alles in allem genommen doch nur in Ausschnitten geringeren Umfanges der Beobachtung zugänglich als jene der vorangegangenen Perioden. Umgekehrt ist eine erhebliche Zunahme an Landfossilien zu verzeichnen. Mit der Verteilung von Land und Meer wurden auch die klimatischen Verhältnisse den heutigen ähnlicher. Eine stetige Abkühlung ist z. B. aus der Verbreitung der sehr temperaturempfindlichen (stenothermen, d. h. wörtlich engwarmen) Riffkorallen zu erschließen; eine Abkühlung, die in der der geologischen Gegenwart unmittelbar vorangegangenen „Eiszeit" unter mehrfachen Schwankungen ihren bisherigen Höhepunkt erreichte.

Wie die insgesamt auf etwa 19 km Mächtigkeit veranschlagten Sedimente des Känozoikums — wohl weil dessen Beginn nach erdgeschichtlichen Maßstäben erst verhältnismäßig kurze Zeit, schätzungsweise um 60 Millionen Jahre, zurückliegt — vielfach nur wenig verändert sind, sind uns auch die Fossilien im Durchschnitt besser erhalten und vor allem reichlicher überliefert als aus früheren Epochen. Das gestattet eine stärkere Gliederung. Wir unterscheiden die Tertiär- und Quartärzeit, d. h. die Drittzeit und die Viertzeit, weil das Paläozoikum und das Mesozoikum ursprünglich auch als Primär- oder Erstzeit bzw. Sekundär- oder Zweitzeit bezeichnet wurden. Das Tertiär wird weiter unterteilt in das Alttertiär oder Palaeogen mit Paleozän, Eozän und Oligozän und in das Jungtertiär oder Neogen mit Miozän und Pliozän als Unterabschnitten, das Quartär in das Diluvium oder Pleistozän (Plistozän) und das Alluvium oder Holozän, in Eiszeit und Jetztzeit.

Wir betrachten vorerst die **Tierwelt des Meeres.** Im **Alttertiär** waren noch randliche Teile Europas und einzelne Beckenlandschaften vom Meere bedeckt. Im alpinen Gebiet, vor allem am Nordrand der Alpen, reichte das schon zur Kreidezeit neben dem Gosaumeer bestandene Flyschmeer, dem z. B. die Gesteine des Wienerwaldes entstammen, noch bis in diese Zeit herauf, jenes Flyschmeer, das uns kaum körperlich erhaltene Fossilien, wohl aber eine Unzahl von eigenartigen und erst zum Teil enträtselten Lebensspuren überliefert hat (s. S. 60). Im Oligozän bestand u. a. in der Umgebung von Mainz ein Meeresbecken, in dem Seekühe, Austern u. v. a. Formen lebten. Als Fortsetzung der alten Tethys kann man das Nummulitenmeer ansprechen, das vor allem im südlichen Europa, in Nordafrika usw. erhebliche Ablagerungen, meist Kalke und Sandsteine, hinterlassen hat. Neben den schon genannten Nummuliten aus der Gruppe der Foraminiferen kennen wir Korallen, Krebse, Weichtiere, Stachelhäuter, Fische, urtümliche Wale *(Archaeoceti)* u. a. m. als Bewohner dieses Meeres. Aus dem **Jungtertiär** sind uns Meeresbildungen wieder u. a. aus West-, Süd- und Südosteuropa bekannt. Das Wiener Becken, das im Zuge der weiteren Auffaltung der Alpen damals eben an deren Ostrand niedergebrochen war, bildete im Miozän den durch Inselketten mehr oder weniger abgeschnürten Westteil eines sich weit gegen Osten erstreckenden Meeresgebietes, das, bald von der Verbindung mit dem offenen Weltmeer abgeschnitten, allmählich zu einem brackischen Binnenmeer wurde, dann sich im unteren Pliozän in Süßwasserseen auflöste und anschließend bis auf geringe Reste verlandete (vgl. S. 60 u. 74). Zuerst lebten Wale, Seekühe, Seehunde, Fische, Stachelhäuter, Krebse, da und dort auch noch Riffkorallen u. v. a. in diesem Meer, sämtlich von fast völlig modernem Gepräge. Lithothamnien und andere Meeresalgen wuchsen an den Steilküsten, hier wie am Flachstrand und weiter draußen im Becken lebte eine Fülle von an den einzelnen Standorten verschiedenen Muscheln und Schnecken. Mit der Aussüßung wurde diese in vielem an das Mittelmeer, in einzelnen faunistischen Zügen auch an fernere Meere der Gegenwart erinnernde Tiergesellschaft stark reduziert. Alle stenohalinen, auf normalen Salzgehalt eingestellten Formen verschwanden, wenige entsprechend anpassungsfähige Muschel- und Schneckenformen bildeten den Hauptbestandteil einer artenarmen, aber um so individuenreicheren Fauna. Recht gering ist aus den schon dargelegten Gründen unsere Kenntnis von den Meerestieren der Eiszeit. Sie waren wohl von den heutigen kaum mehr und auch in ihrer räumlichen Verbreitung bloß wenig verschieden.

Wie die **tertiäre Pflanzenwelt** durch die reiche Entfaltung der Angiospermen (s. S. 66) ist die tertiäre **Landtierwelt** vornehmlich durch das Aufblühen der Vögel, Säuger und Insekten gekennzeichnet. Die Insektenwelt war schon im Alttertiär, wie uns vor allem die im Bernstein, dem fossilen Harz aus der blauen Erde des Samlandes, in so prachtvoller Erhaltung überlieferten Reste bezeugen, von durchaus modernem Gepräge, doch haben damals noch im fennoskandischen Festlandsbereiche, also im hohen europäischen Norden, mehr oder weniger tropische Formen gelebt. Auch von den Vögeln wird Ähnliches behauptet werden dürfen, denn noch im Miozän waren im mittleren Europa Ibisse, Flamingos, Pelikane und Papageien zu Hause. Anders hingegen verhält es sich mit den Säugetieren. Wohl gab es damals schon *Insectivora, Chiroptera* (Fledermäuse) — in Oberitalien z. B. Verwandte des heute im indomalayischen Inselgebiet heimischen Fliegenden Hundes —, Nager *(Rodentia),* Halbaffen (z. B. zur Eozänzeit im Geiseltal bei Halle a. S., im Paläozän bei Walbeck in Mitteldeutschland), auch höhere Affen (im Oligozän Nordafrikas), aber es gab auch noch die gleich den Insectivoren in die Kreide zurückreichenden *Multituberculata,* es gab, etwa in Frankreich, urtümliche Beuteltiere *(Marsupialia).* An Paarhufern lebten die schweineähnlichen *Bunoselenodontia,* in Nordamerika kleine Kamele *(Tylopoda)* und die eigenartigen *Oreodontidae,* in Afrika erste Rüsseltiere *(Proboscidea).* Tapire, kleine Urpferde und Urnashörner, die beiden letztgenannten noch weit von den heutigen Pferden und Nashörnern verschieden, Titanotherien und Amblypoden, zum Teil gleich den Nashörnern bereits von beträchtlichen Ausmaßen, vertraten mit anderen Gruppen die Unpaarhufer. Viele von ihnen sind seither wieder verschwunden, ebenso die damaligen *Carnivora,* die *Creodontia* oder Urraubtiere, mit ihren unterschiedlichen, oft kleinen, bisweilen aber auch riesigen Formen.

Im **Jungtertiär** hingegen hatte auch die Säugerfauna schon einen weitgehend modern anmutenden Formenbestand aufzuweisen, wenn es auch noch *Mammalia* mit mehr oder weniger auffälligen fremdartigen oder altertümlichen Zügen gab. So lebten damals Säbelzahntiger, Zwischenformen zwischen den schon aus dem Alttertiär bekannten Schleichkatzen und den Hyänen, urtümliche Bären, Hunde mit bärenartigen Zügen neben echten Katzen, Hyänen, Mardern, Dachsen und anderen *Carnivora.* Es gab Dinotherien und Mastodonten als Vertreter der *Proboscidea,* echte Schweine, Hirsche, Gazellen, Antilopen und Giraffen, wieder Tapire, Nashörner und (noch dreizehige) Pferde, es gab auch höhere Affen, die bald mehr Ähnlichkeit mit diesem, bald mit jenem der heutigen Menschenaffen, ja selbst mit dem Menschen erkennen lassen, es gab aber auch noch die eigenartigen *Ancylopoda,* die bereits im Alttertiär vorhanden gewesen sind. Im ganzen hebt sich eine ältere (miozäne) Sumpfwaldfauna, an welche die jetztzeitliche indomalayische stark erinnert, von einer jüngeren (pliozänen) ab, der ebenso unverkennbar die rezente Buschsteppen- (bis Wald-) Fauna Afrikas ähnelt.

Im **Quartär,** und zwar im **Pleistozän,** mit seinen von milden Zwischenphasen (Interglazialen und Interstadialen) unterbrochenen Eis- oder Glazialzeiten, wo die Vergletscherung in Europa durch das nordische Inlandeis weit südwärts bis nach Mitteldeutschland und von den Alpen aus eine beträchtliche Strecke in das nördliche Alpenvorland vordrang, war die Säugerfauna wieder eine andere und im einzelnen den klimatischen Verhältnissen entsprechend in ihrer Zusammensetzung, mehr aber noch in ihrer räumlichen Verbreitung wechselnde. Während des Altquartärs lebten noch Säbelzahntiger, Flußpferde, Affen zeit- und stellenweise im mittleren und westlichen Europa, und zu ihnen gesellten sich die Vorläufer der Fauna des Jungquartärs bzw. Jungpleistozäns, welche durch Mammut und Wollhaarnashorn, Höhlenlöwe bzw. -tiger, Höhlenhyäne und Höhlenbär besonders gekennzeichnet ist, aber auch noch eine Fülle von anderen Formen, wie zahlreiche Nager (Schnee- und Pfeifhase, Ziesel, Murmeltier, Biber, Springmäuse, Lemminge, Schnee- und Waldmäuse), Rotfuchs und Eisfuchs, Wolf, Vielfraß, Riesenhirsch, Elch und Ren, Gemse und Steinbock, Ur und Wisent, Wildpferde, Halbesel, umfaßt hat. Neben den Säugern aber lebten Vögel (Schneehuhn, Schneeeule, Sperber, Bartgeier, Alpenkrähe, Dohle, Elster, Häher, Meisen, Spechte, Drosseln, Auerhuhn), Eidechsen und Kröten, Schnecken und Käfer, Süßwasserfische u. a. m. Auch diese Tierwelt des Jungpleistozäns ist keine einheitliche gewesen. Wir vermögen sie vielmehr aufzugliedern in eine Lößsteppen- oder Tundrenfauna mit dem Wollhaar-Elefanten, dem Mammut, als Leitform und in eine Wald- bzw. Höhlenfauna mit dem Höhlenbären als bezeichnendstem Vertreter. Viele Formen aus beiderlei Faunengruppen finden wir noch heute im hohen Norden oder im Hochgebirge, wohin sie sich nach der letzten Eiszeit zurückgezogen haben, andere sind in die östlichen Steppen abgewandert, aus denen manche früher gekommen waren, wieder andere blieben im mitteleuropäischen Raum wohnen, bis sie mit oder nach dem Ende des Plistozäns ausstarben oder ausgerottet wurden.

Mit der Quartär- oder Plistozänfauna tritt auch der Mensch erstmalig in unseren Gesichtskreis, dessen Vorformen im Kreise der unter dem Namen *Dryopithecus* zusammengefaßten jungtertiären Menschenaffen wurzeln dürften. Vormenschenfunde sind u. a. *Pithecanthropus* von Java, *Sinanthropus* aus der Umgebung von Peking, *Africanthropus* aus Ostafrika sowie vermutlich *Meganthropus* und „*Giganthropus*“ (durch besondere Größe auffällige Zahn- und Kieferreste aus Java und Ostafrika bzw. Südchina); auch der Heidelberger Kiefer wird hierher gerechnet. Urmenschenreste (Neandertaler i. w. S.), im ganzen wohl jünger, etwa mittel- und jungplistozänen Alters, sind aus Europa, Asien und Afrika bekanntgeworden. Manche Funde stehen einigermaßen zwischen diesen beiden Stufen, wieder andere verbinden urmenschenhafte Züge mit solchen moderner, auch schon am Ausgang des Plistozäns erscheinender Menschen. Daß wir auch die eben genannten fossilen Formen bereits zu den Menschenartigen *(Hominidae)* rechnen dürfen, geht nicht nur aus den körperlichen Merkmalen, sondern auch aus den hinterlassenen Werkzeugen (Artefakten), aus Anfängen einer Kunst (Höhlenzeichnungen u. dgl.) aus Hinweisen auf kultische Handlungen und Vorstellungen teils schon bei den hier als Vor-, teils bei den als Urmenschen bezeichneten Formen hervor.

Die känozoischen Landfaunen und vor allem die Säugerfaunen, deren wir eben Erwähnung taten, waren über weite Teile Eurasiens verbreitet, und im großen und ganzen waren sie in Afrika und Nordamerika von mehr oder weniger gleichartigem Charakter. Ausgedehnte Wanderungen zwischen diesen noch mehr als heute durch Landbrücken verbundenen Kontinenten dürften einen regen Faunenaustausch wie ein Abströmen nach allen Seiten von dem wahrscheinlich im Bereiche des heutigen Zentralasiens zu suchenden Entstehungszentrum vieler Säugergruppen ermöglicht haben. Freilich fehlt es trotzdem nicht an Sonderformen und Sonderentwicklungen im nordamerikanischen wie im afrikanischen Raum, aber gegenüber dem ähnlichen Gesamtgepräge treten sie doch zurück. Ganz anders die Tierwelt des australischen Gebietes, die schon damals, was die Säuger anlangt, auf *Marsupialia* beschränkt war und aus diesem Stamme sehr vielfältige und zum Teil recht eigenartige Formen, wie die *Sparassodonta* oder *Borhyaenoidea*, Verwandte des heute auf Südamerika beschränkten *Caenolestes*, Formen, wie *Diprotodon* und *Thylacoleo* u. a. m., hervorgebracht hat. Ganz anders aber auch die Tierwelt Südamerikas, das ja fast vom Beginne bis zum Ende des Tertiärs ohne Landverbindung mit Nordamerika gewesen sein muß. Hier entwickelten sich die Riesenfaultiere *(Gravigrada)*, die in vielem an die heutigen Faultiere, in manchem aber auch an die Ameisenbären erinnern, die den Gürteltieren nahestehenden *Glyptodontidae*, die Huftiergruppen der *Notoungulata, Pyrotheria* und *Litopterna*, hier waren schon im Jungtertiär die *Platyrrhina* oder Breitnasen die Vertreter der echten Affen *(Anthropoidea)*.

Wanderungen und Wandlungen sind also, wie schon eine flüchtige Überschau über die zeitliche Verbreitung der Tierwelt erkennen läßt, die Erscheinungsformen, unter welchen sich deren Änderungen vollzogen haben müssen. Jene lassen sich grundsätzlich aus den Verschiebungen zwischen Land und Meer, aus der wechselnden Lage von Gebirgen und Ebenen, Seichtsee und Hochsee, aus dem Schwanken der klimatischen Verhältnisse begreifen, mahnen aber auch, daß gleiche Faunen an weit voneinander entfernten Gebieten nicht ohne eingehendere Prüfung als gleich alt betrachtet werden sollten. Diese bekunden ein Zunehmen der Ähnlichkeit mit der gegenwärtigen Tierwelt, je mehr wir uns der Jetztzeit nähern, und umgekehrt ein Zunehmen des Fremdartigen, je tiefer wir in die Vorzeit hinabtauchen. Allgemein ergibt eine solche rein chronologische Betrachtung noch die reichlichere Überlieferung marinen Lebens aus der früheren, terrestrischen Lebens aus der jüngeren Vergangenheit, was aus den S. 67 dargelegten Verhältnissen zu verstehen ist. Von diesen Erscheinungen soll uns im folgenden der eigentliche Wandel näher beschäftigen.

B. Der Wandel der Tierwelt in der Zeit.

1. Historisches.

Die ersten Deutungen des Wandels der Tier- und Pflanzenwelt in der Zeit bzw. ihres früheren Anders-Seins sind schon eingangs berührt worden (s. S. 5 u. 6). Um sie zu begreifen, muß man nicht nur die damaligen Bindungen an eine wörtliche Auslegung des Bibeltextes, sondern vor allem auch den Umstand berücksichtigen, daß zu jener Zeit Linnés Dogma von der Konstanz der Arten noch voll in Geltung stand, welches er 1751 in folgenden Sätzen formuliert hatte: „Species tot numeramus, quot diversae formae in principio sunt creatae“ und „Species tot sunt, quot diversas formas ab initio produxit Infinitum Ens[7]“. Um so mehr verdient festgehalten zu werden, daß bereits 1856, also drei Jahre vor dem Erscheinen von Darwins Entstehung der Arten, der in Wien wirkende Paläoutologe M. Hoernes auf Grund seiner Beobachtungen an Schalen von Meeresschnecken *(Cancellaria cancellata)* zu der Überzeugung gelangte, „daß zu der sogenannten miozänen und pliozänen Zeit eine langsame Veränderung der Schale bei einer und derselben Art stattgefunden haben müsse“. In ähnlichen Bahnen bewegten sich dann die 1866 veröffentlichten Untersuchungen Hilgendorfs über die sogenannte „Planorbisreihe von Steinheim“, einen Schritt weiter ging der Wiener Paläontologe W. Waagen, der 1869 die Veränderungen der Gehäuseform bei Ammoniten innerhalb einer Stammesreihe verfolgt hat, und besonderes Aufsehen haben zu ihrer Zeit die Arbeiten M. Neumayrs, des ersten Inhabers des Wiener paläontologischen Lehrstuhles, über die stammesgeschichtliche Entwicklung der Paludinen erregt. Diese und andere ähnliche Untersuchungen an fossilen Molluskenschalen haben also — und darin liegt ihre bleibende Bedeutung — die Veränderlichkeit der Formen und Arten in der Zeit in eindrucksvoller Weise klargelegt, näheren Einblick in den Ablauf stammesgeschichtlichen Geschehens haben sie uns indessen noch nicht gebracht. Hierfür erwiesen sich vorerst analoge Untersuchungen an vorzeitlichen Wirbeltieren als aufschlußreicher. Sie haben denn auch in der Folge ganz im Vordergrund gestanden, bis dann, mit dem Ausbau der Methodik, auch verschiedene Gruppen der fossilen Wirbellosen mit steigendem Erfolg zu solchen Studien herangezogen wurden. Heute aber hat die Stammesgeschichte oder Paläo-Phylogenie (s. S. 62) für die aus der vergleichenden Anatomie, Embryologie und Physiologie abzuleitenden phylogenetischen Schlüsse schon so manchen dokumentarischen Beleg beizustellen und eben an Hand der ihr in Gestalt der Fossilien verfügbaren Urkunden auch bereits den Gang der Phylogenese etwas aufzuhellen vermocht.

2. Der gegenwärtige paläontologische Wissensstand und die Abstammungslehre.

Noch immer werden auch in Fachkreisen vereinzelt Stimmen laut, welche eine Evolution, eine Phylogenese im Sinne der Deszendenztheorie leugnen und die Berechtigung zur stammesgeschichtlichen Ausdeutung der fossilen Urkunden anzweifeln. Hierzu empfiehlt sich folgende Überlegung: Was ist vom paläontologischen Material gemäß der Abstammungslehre zu erwarten und inwiefern wird es diesen Anforderungen gerecht? Zu erwarten ist, wie kaum näher begründet werden muß, zweierlei: Erstens ein Wandel in Form zeitlich aufeinanderfolgender Stufen, zweitens das Auftreten von Zwischengliedern zwischen heute getrennten Gruppen bzw. von intermediären Merkmalen und Merkmalskombinationen. Ein Wandel in Form zeitlich aufeinanderfolgender Stu-

---

[7] Wir zählen so viel Arten, als verschiedene Formen am Anfang geschaffen worden sind bzw. als verschiedene Formen das Unendlich-Seiende (die göttliche Allmacht) am Anfang hervorgebracht (geschaffen) hat.

fen ist heute durch zahlreiche Beispiele belegbar; die Stammesreihe der Pferde *(Equidae)* mit der schrittweisen Rückbildung der seitlichen Finger- und Zehenstrahlen, der allmählichen Größenzunahme und Gesichtsschädelverlängerung, der ebenso verlaufenen Umgestaltung der Backenzähne (Kronenkomplikation und -erhöhung, Molarisierung der P) und weiteren, analog vor sich gegangenen Wandlungen ist nur das in weiteren Kreisen bekannteste. Aus dem Jungtertiär, z. B. aus der Umgebung Wiens, kennen wir Gebiß- und Gliedmaßenreste von Menschenaffen, die — sie werden einstweilen in zwei Gattungen *(Dryopithecus* und *Austriacopithecus)* zusammengefaßt — teils vorwiegend schimpansen-, gorilla-, ja auch selbst menschenhaftes Gepräge aufweisen, oft aber neben den beherrschenden, z. B. schimpansenhaften, auch gorillaartige Züge erkennen lassen usf. Und wie diese Zähne und Knochen gleichsam Zwischentypen zwischen den genannten Anthropomorphengattungen repräsentieren, vereinigt der Urvogel *Archaeopteryx* Reptil- und Vogelmerkmale in sich, gibt es Funde, welche die Grenze zwischen Fisch *(Crossopterygii)* und Landwirbeltieren *(Stegocephalia),* zwischen Reptil und Säuger (gewisse *Theromorpha)* überbrücken oder doch die Kluft zwischen den beiderseitigen gegenwärtigen Vertretern erheblich verringern. Aus dem Kreise der wirbellosen Tiere endlich bieten die Korallen ein besonders lehrreiches Beispiel dar. Hier geht es u. a. um die Einschaltung der Septen im Kelch. Die fiederförmige Anordnung der Sekundärsepten im Kelch der *Tetracorallia (Pterocorallia)* kann zwar nur sprunghaft in die zyklische der *Hexacorallia (Cyclocorallia)* übergangen sein, weil es sich hier um Vorgänge alternativen Charakters handelt, dadurch aber, daß der Wechsel nicht im ganzen Kelch gleichzeitig, sondern vorerst nur in einzelnen Sektoren erfolgte, ist trotzdem nach Schindewolfs überzeugenden Darlegungen ein geradezu gleitender Übergang zwischen den beiden genannten Gruppen zu verzeichnen.

Bei solchem Verhalten — und für die pflanzlichen Fossilien gilt, man denke nur etwa an die *Cycadofilices* oder *Pteridospermae* (s. S. 64), ein gleiches — wird man nicht nur behaupten dürfen, daß das paläontologische Material den vom Standpunkte der Abstammungslehre zu erhebenden Anforderungen voll entspricht, sondern man wird mit Nachdruck betonen müssen, daß die Annahme einer Evolution, einer Phylogenese im Sinne der Deszendenztheorie, bei dem heutigen Wissensstande die einzige sinnvolle Ausdeutung aller in Betracht kommenden rezenten und fossilen Befunde darstellt.

C. Wesenszüge des stammesgeschichtlichen Wandels.

Auch die Wesenszüge des stammesgeschichtlichen Wandels können, weil uns ja nicht Vorgänge, sondern bloß Aufeinanderfolgen von Zuständen überliefert sind, nur aus diesen erschlossen werden. Das gelingt naturgemäß nicht immer so leicht und eindeutig wie der Schluß auf den Wandel an sich.

Daher bedarf es hier größter Vorsicht, um Fehlschlüsse zu vermeiden, daher gehen auch die Meinungen in diesen Belangen mitunter noch mehr auseinander.

1. Die Umwelts-Bezogenheit der Stammesentwicklung.

Da alles Leben sich nicht im leeren Raume abspielt und sich auch nie in einem solchen abgespielt haben kann, sondern nur in einer aus Leblosem und Lebendigem zusammengesetzten Umwelt, sind Wechselbeziehungen zwischen Organismen und Umwelt eine selbstverständliche Denknotwendigkeit. Daß solche auch hinsichtlich der stammesgeschichtlichen Wandlungen anzunehmen sind, zeigt der Befund an den fossilen Dokumenten mit eindeutiger Klarheit. Es lassen sich da verschiedene Formen dieser Beziehung unterscheiden.

Die Zeitfolge-Beziehung. Für die Tiere bedeuten die Pflanzen einen sehr wesentlichen Bestandteil der Umwelt. Als Element des Lebensraumes, als unmittelbare Nahrungsspender bei den Pflanzenfressern, als mittelbare bei den sich von Pflanzenfressern nährenden Fleischfressern usf. spielen sie im Leben jeglichen Tieres eine bedeutsame Rolle. Pflanzenwie Tierwelt haben im Laufe der Erdgeschichte erhebliche Wandlungen durchgemacht. Die Wandlungen der Tierwelt gestatten die Gliederung in Paläo-, Meso- und Känozoikum, jene der Pflanzenwelt eine solche in Paläo-, Meso- und Känophytikum. Die Grenze zwischen Paläo- und Mesophytikum liegt nun nicht an der Grenze zwischen Paläo- und Mesozoikum, sondern sie verläuft, gekennzeichnet durch das Auftreten der Gymnospermen, innerhalb des Jungpaläozoikums; die Wende zwischen Meso- und Känophytikum, gegeben durch das Erscheinen der Angiospermen, fällt nicht mit der vom Meso- zum Känozoikum, also mit dem Aufblühen der Säugetiere zusammen, sondern sie ist noch innerhalb des Mesozoikums, innerhalb der Kreidezeit, anzusetzen. Es haben sich demnach zuerst jeweils die Floren, also ein sehr wesentlicher Bestandteil der Umwelt der Faunen, und dann erst diese selbst in tiefgreifender Weise gewandelt.

Ein weiteres Beispiel für eine solche Zeitfolge-Beziehung bietet die schon kurz berührte Geschichte des Wiener Beckens im Jungtertiär (s. S. 60 u. 68), denn die erwähnte Abschnürung des dortigen Meeres vom Weltmeer scheint der Verarmung seiner Fauna zeitlich vorangegangen zu sein.

Die Anpassungs-Beziehung. Daß die Anpassung als Zustand, d. h. das Angepaßt-Sein oder die Angepaßtheit bzw.

die funktionsgemäße Gestaltung, eine lebensnotwendige Umweltsbeziehung darstellt, ist bereits auf S. 8 dargelegt worden. Schon daraus ist für den Fall eines gestaltlichen Wandels ein Anpassungsvorgang vorauszuseßen. Ein solcher ist denn auch immer wieder aus den fossilen Urkunden und ihrer lebensgeschichtlichen Analyse herauszulesen.

So haben wir früher (S. 15) bereits angedeutet, daß bei den Fischen in verschiedenen Stammesreihen eine Zunahme des Schwimmvermögens, also eine Steigerung der Anpassung an das Schwimmen, zu erschließen ist, daß von den Ichthyosauriern Ähnliches behauptet werden darf. Auch sonst haben wir mehrfach auf den wiederholten Wechsel der Lebensweise (Bewegungsart, Ernährungsform, Aufenthaltsort usw.) hingewiesen. Solcher Wechsel der Lebensweise mußte jeweils mit neuen Anpassungen, also mit Anpassungsvorgängen verknüpft gewesen sein und war es auch tatsächlich, wie unsere Urkunden eindeutig erkennen lassen. Diesen können wir über die Anpassungs-Beziehung auch noch anderes entnehmen.

Dem Anpassungs-Vorgang und der mit ihm verbundenen **Anpassungs-Steigerung** entspricht das Vorhandensein verschiedenwertiger Anpassungen, denn manche Formen haben bzw. hatten ja erst einen geringeren Grad der Anpassung erreicht als andere. Verschiedenartig waren aber nicht allein die **Anpassungsstufen** innerhalb einer Anpassungsreihe, sondern verschiedenwertig waren allem Anscheine nach auch die in den einzelnen Fällen eingeschlagenen Anpassungswege.

Bei der Erörterung des Schreitens haben wir bereits der „inadaptiven“ Reduktion der Seitenzehen bei einzelnen ausgestorbenen Huftierstämmen Erwähnung getan (S. 25). Die Brechschere wurde bei den erloschenen *Pseudocreodi* von anderen Zahnpaaren gebildet als bei den auch heute noch lebenden Raubtieren oder *Carnivora fissipedia* (S. 41), Mahlgebisse aus Quetschgebissen durch gänzliche Umgestaltung der bunodonten Zahnkronen in lophodonte, selenodonte oder lophoselenodonte, aber auch durch nur teilweise (bunclophodonte, bunoselenodonte Zähne) gebildet. In allen diesen und in vielen analogen Fällen ergibt sich aus der eingehenden Analyse, daß die eingeschlagenen Anpassungswege — die Lösungsversuche des gestellten Problems, wie man auch sagen könnte — nicht gleichwertig gewesen sein können, ja, daß einzelne anderen gegenüber geradezu als minder günstig bewertet werden müssen. Hinsichtlich der „inadaptiven“ Reduktion der Seitenzehen wurde darauf schon früher verwiesen (S. 25); bei den beiden anderen hier gebrachten Beispielen läßt sich in überzeugender Weise belegen, daß die Stellung des zur Brechschere entwickelten Zahnpaares der *Pseudocreodi* die nur teilweise Jochbzw. Leistenbildung der bunoselenodonten bzw. bunolophodonten Zähne biomechanisch ungünstiger gewesen sein muß, also wohl eine mindere Leistungsfähigkeit bzw. Funktionstüchtigkeit bedeutet hat. Doch nicht allein biomechanische Überlegungen führten zu solchem Ergebnis. Die Tatsache, daß in der Mehrzahl derartiger Fälle eben jene Formen, die den als minder günstig erkennbaren Weg einschlugen, eine kürzere Lebensdauer als die anderen, uns als besser angepaßt erscheinenden zeigen, daß sie meist früher als diese wieder verschwunden sind, liefert hierzu gleichsam den historischen Beleg.

Das Bestehen mindergünstiger Anpassungswege — in Extremfällen kann man selbst von „einer Sackgasse der Entwicklung", von „fehlgeschlagenen" Anpassungen oder Anpassungsrichtungen sprechen — bekundet jedoch nicht nur **verschiedenwertige Anpassungen und Anpassungswege,** es bezeugt auch die Vielheit von im ganzen doch ähnlichen Entwicklungsbahnen. Dadurch berührt es sich mit anderen Erscheinungsformen stammesgeschichtlichen Wandels, mit der konvergenten und parallelen Entwicklung.

Ungeachtet aller Mannigfaltigkeit des Evolutionsgeschehens ist es im Laufe der Geschichte des Lebens wiederholt zu einem Wechsel der Lebensweise in ähnlicher Richtung und damit zu ähnlichen Umgestaltungen gekommen. In den verschiedensten Gruppen und Stämmen hat sich ein Übergang vom Leben im Wasser zum Leben auf dem Lande und umgekehrt vollzogen, sind aus Räubern Pflanzenfresser geworden, sind freibewegliche Tiere zur festsitzenden Lebensweise übergegangen usf. Mehr oder weniger weitgehend gleichartige Umgestaltungen der Gesamtform wie einzelner Teile und damit eine Ähnlichkeit wechselnden Ausmaßes waren die natürliche Folge. Bei der Besprechung der Körperformen schwimmender (fusiformer Typ, cheloniformer Typ usw.) und festsitzender Tiere (Horntyp, Vermetustyp usw.), bei der Erörterung der Gebißformen (Gebiß der Raubtiere und der fleischfressenden Beuteltiere) haben wir derartige Fälle kennengelernt. Solche zu ähnlichen Endzuständen und Endformen führende Entwicklungen traten innerhalb der gleichen Gruppen zu verschiedenen Zeiten oder bei gleichen wie verschiedenen Gruppen in den gleichen Zeiträumen auf. Im ersten Falle hat man mitunter von einer „iterativen", d. h. wiederholten Artbildung gesprochen (z. B. „*Vola*typus" bei Muscheln, u. zw. Pectiniden), im zweiten von „Moden" und „Zeitsignaturen". Das Wesentliche an diesen Vorgängen ist jedoch die Ausrichtung auf eine gleichartige oder ähnliche Lebensweise; nur bei Bildungen, die an sich mehrfacher Leistungen fähig sind (wie z. B. die als Schwimm-, Grab- oder Flughäute verwendbaren Zwischenfingerhäute), kommt auch eine solche auf verschiedene Leistungen oder auf „kombinierte" Funktionen in Frage.

Was ist nun aber konvergente, was parallele Entwicklung? Dem Wortsinne entsprechend wird man geneigt sein, von jener bei verschiedenen, von dieser bei ähnlichen Ausgangszuständen bzw. Ausgangsformen zu sprechen, und man wird daher die erste zwischen einander im System fernerstehenden, die zweite umgekehrt zwischen näher verwandten Formen erwarten. In vielen Fällen trifft diese Erwartung auch zu, in anderen aber erweist sie sich als irrig.

Bei den Meereicheln aus der Gruppe der *Cirripedia* oder Rankenfüßer, also bei festsitzenden, niederen Krebsen, ist es wiederholt zur Entwicklung hochwüchsiger Formen gekommen. Wir beobachten solche in der Jetztzeit als Standortsformen (s. S. 46) bei der Gattung *Balanus,* wir kennen in *Tamiosoma, Pyrgoma, Creusia (Paracreusia, Palaeocreusia)* auch fossile hochwüchsige Balaniden. Während nun bei *Tamiosoma* wie bei *Balanus* der Höhenwuchs des bekanntlich aus Platten zusammengefügten Cirripedier-Gehäuses durch eine entsprechende Streckung der Elemente der sogenannten Mauerkrone erreicht wurde, haben die anderen genannten Formen die Mauerkrone gleich niedrig wie die üblich napfförmigen Balanen, dafür aber ist bei ihnen die Basalplatte zu einem oft hornförmig gekrümmten Kegel geworden. Innerhalb der Balaniden ist also die Erhöhung auf zwei verschiedenen Wegen erreicht worden. Nur bei *Balanus* und *Tamiosoma* einerseits, bei *Pyrgoma, Creusia* usw. anderseits kann man von einer parallelen, insgesamt muß man jedoch von einer konvergenten Entwicklung sprechen, troß der engen Verwandtschaft der Ausgangsformen und troß des äußerlich weitgehend ähnlichen, erst bei genauerer Untersuchung als bauverschieden erkennbaren Habitus der Endformen.

Fälle wie der eben genannte zeigen also, daß die Verwandtschaft bzw. die Stellung im System ebensowenig zu einer grundsäßlichen Scheidung von konvergenter und paralleler Entwicklung herangezogen werden kann wie etwa die Funktion. Eine solche kann vielmehr nur dadurch erzielt werden, daß man von dem (inneren) Bau der (äußerlich) formähnlichen Bildungen, Organe usw. ausgeht.

Neben paralleler und konvergenter Entwicklung ist noch die divergente Entwicklung zu nennen, denn auch sie läßt bei lebensgeschichtlicher Betrachtung Anpassungsbeziehungen erkennen.

Divergente Entwicklung ist gegenläufig zur konvergenten, führt oder führte also von einer oder von mehreren ähnlichen Ausgangsformen zu verschiedenen Endzuständen. Mannigfaltige Ausgestaltung ursprünglich gleichartiger Bildungen, Organe usw. ist demnach für sie kennzeichnend. Aus Kriechhand und Kriechfuß der ältesten Landwirbeltiere sind Schreit-, Lauf-, Springbeine, Kletter- und Grabfüße geworden, sind schließlich der Vogelflügel, die paarigen Flossen der Wale hervorgegangen (s. S. 21 ff.). Wieder ist es daher der innere Bau, der die stammesgeschichtlichen Zusammenhänge, ist es die äußere Form, welche die biologischen verrät.

Divergente, parallele und konvergente Entwicklung sind mithin Wege gestaltlichen Wandels, die in enger Verbindung mit Anpassungsvorgängen stehen. Ihre Analyse ist nicht immer leicht, aber für eine richtige Erkenntnis der stammesgeschichtlichen und damit verwandtschaftlichen Beziehungen von größter Wichtigkeit. Worauf es dabei ganz besonders ankommt, ist das Auseinanderhalten von äußerer Formähnlichkeit und innerer Bauverwandtschaft. von Bildungen, Organen usw., die wir als **analog,** und solchen, die wir als **homolog** zu bezeichnen pflegen.

2. Evolutionsreihen und Spezialisationskreuzungen.

Der Wandel der Tierwelt in der Zeit ermöglicht, wie bereits erwähnt (S. 72 ff.), die Aufstellung von Entwicklungsreihen. Dabei ist natürlich die richtige Aneinanderreihung von wesentlicher Bedeutung. Diese wird vielfach durch die zeitliche Aufeinanderfolge angezeigt. Indessen kann die Zeitfolge unsicher sein, kann der Ahnentyp neben dem Nachkommen weiterleben, ja ihn überleben, wie der Vater den Sohn, der Oheim den Neffen usf. Daher muß grundsätzlich immer von der Entwicklungs- oder Spezialisationshöhe ausgegangen werden, müssen an den zu reihenden Resten alle Merkmale daraufhin geprüft werden, ob sie als ursprünglicher oder abgeleiteter, als primitiver oder spezialisierter zu bewerten sind. Dabei ist stets zu beachten, daß Spezialisationen sowohl in progressiver Richtung (Vergrößerung, Verstärkung, Vermehrung, Komplikation usw.) wie in regressiver (Verkleinerung, Schwächung, Verringerung, Vereinfachung u. a.) verlaufen bzw. verlaufen sind, daß Bildungen neu entstanden (Orimente) und verkümmerten (Rudimente).

Mitunter kann es vorerst bei kleinen Bildungen zweifelhaft sein, ob sie im Kommen oder im Verschwinden sind. In derartigen Fällen empfiehlt sich der Ausdruck Minutial zur vorläufigen Kennzeichnung.

Die stammesgeschichtliche Analyse nach diesen Gesichtspunkten hat nun gelehrt, daß die Evolution in zweierlei Hinsicht durch eine ungleichmäßige Spezialisation gekennzeichnet ist. Einmal zeigen alle gleichzeitigen Glieder einer Einheit (Individuen einer Art usw.) ebensowenig die gleiche Entwicklungshöhe wie die Elemente der gleichzeitigen Faunen und Floren. Primitivere Menschen leben heute noch neben Fortgeschritteneren, Einzeller noch neben Vielzellern. Die heutige Säugerfauna der indomalayischen Inselwelt hat im ganzen gesehen noch ein mehr oder weniger miozänes, jene der afrikanischen Buschsteppe ein pliozänes Gepräge, die rezente Tierwelt der Nordhalbkugel vielfach ein pleistozänes (s. S. 69/70) usf. Allgemeiner ausgedrückt: die Evolution ist offensichtlich immer in der Weise vor sich gegangen, daß es Vortrab und Nachzügler in der Entwicklung gegeben hat, und zwar im kleinen wie im großen.

Eine zweite Ungleichmäßigkeit in der Spezialisation offenbart sich darin, daß z. B. innerhalb einer sich wandelnden Gruppe die Entwicklung bei der einen Form in diesem, bei der anderen in jenem Merkmale vorauseilte oder überhaupt weiter vorwärts getrieben wurde. Diese Erscheinung, daß etwa von zwei nächstverwandten Formen die eine in einem Merkmal M 1 einen primitiveren, in einem Merkmal M 2 einen spezialisierteren Zustand ausweist, während die andere umgekehrt in M 1 als spezialisierter und in M 2 als primitiver zu bewerten ist, nennen wir **Spezialisationskreuzung.** Sie schließt nach der herrschenden Meinung eine Ableitung der ersten Form von der zweiten ebenso aus wie umgekehrt eine solche der zweiten von der ersten, und zwar um so mehr, je divergenter die durch die verschiedene Spezialisationsform angezeigten Entwicklungsrichtungen sind.

Ergeben sich nun bei der Prüfung der Glieder einer mutmaßlichen Reihe keinerlei Spezialisationskreuzungen und stimmt auch die Zeitfolge mit der Spezialisationszunahme überein, so kann die jeweils vorangehende Form als unmittelbarer Ahn der nächstfolgenden gelten. Wir sprechen dann von einer **Ahnenreihe.** Sind hingegen Spezialisationskreuzungen festzustellen, sind Unstimmigkeiten zwischen Spezialisation und Zeitfolge da, so wird eine Reihung dann noch von stammesgeschichtlichem Wert sein, wenn keine wesentliche Divergenz der angezeigten Spezialisationsrichtungen vorliegt und keine starke Diskrepanz zwischen Spezialisation und Zeitfolge. Reihen mit so beschaffenen Gliedern, sogenannte **Stufenreihen,** geben immerhin noch ein klares Bild von dem allgemeinen Gang der Stammesentwicklung.

Neben Ahnen- und Stufenreihen unterscheidet man auch noch Anpassungsreihen. Ihre Glieder brauchen in keinem näheren Verwandtschaftsverhältnis zu stehen, sie sollen vielmehr nur den Gang der Anpassung (etwa an das Schwimmen, Fliegen usw.) veranschaulichen. Es sind zwar nicht stammesgeschichtlich, wohl aber lebensgeschichtlich wertvolle Zusammenstellungen.

3. Das Tempo der stammesgeschichtlichen Entwicklung.

Das Tempo der stammesgeschichtlichen Entwicklung ist in mehrfacher Hinsicht ein ungleichmäßiges. Vortrab und Nachzügler (s. S. 78) sind eine Seite dieser Erscheinung. Ein Vergleich der Geschichte der Wale und der Seekühe bietet eine zweite dar, denn er zeigt, daß im gleichen Zeitraum (vom Beginn des Tertiärs an)´ und im gleichen Lebensbereich (Meer) die Wale sich stark und ungleichmäßig, mit einer Phase „explosiver Entwicklung" in mehreren Stämmen, die Seekühe nur wenig und stetig gewandelt haben. Die **Diskontinuität** der Stammesentwicklung ist also zwar kein starres Gesetz (wie übrigens auch alle anderen biologischen Evolutions-„Gesetze"), wohl aber (gleich ihnen) eine für viele Fälle gültige Regel. In vielen Gruppen ist eine im einzelnen freilich verschiedengradige Phasenhaftigkeit zu beobachten, indem auf eine Jugendzeit mit stürmischer Umbildung eine Zeit der

Reife mit stetiger Ausgestaltung gefolgt ist. Die Wenden der Erdzeitalter müssen gleichfalls Zeiten explosiver Entwicklung gewesen sein. In derartigen Phasen sind die Wandlungen nicht nur rasch erfolgt, sondern sie scheinen auch in gewissem Ausmaße **sprunghaft** aufgetreten und auch in diesem Sinne diskontinuierlich gewesen zu sein.

4. Die Begrenztheit, Nichtumkehrbarkeit und das Ende der Stammesentwicklung.

Auch die **Begrenztheit** darf nach unserem heutigen Wissen als ein kennzeichnender Zug stammesgeschichtlichen Wandels angesehen werden. Als begrenzt erweist sich die Stammesentwicklung einmal durch die **Palingenese oder Umwegsentwicklung** in der Ontogenese (Individual-Entwicklung). Die bekannte Erscheinung, daß bei wohl fast allen Tieren embryonal auch Organe angelegt werden, die weiterhin eine Rück- bzw. komplizierte Umbildung erfahren, ist nur aus einer begrenzten phylogenetischen Wandlungsfähigkeit der Ontogenese zu verstehen. Diese verharrt bei bzw. nach phylogenetischen Wandlungen gleichsam tunlichst in den früheren Bahnen[8] — (vgl. etwa die Anlage und Rück- bzw. komplizierte Umbildung der Kiemenbögen ihrer einstigen Fischahnen noch bei den heutigen Säugetieren einschließlich des Menschen), und nur langsam gelingt es, wie z. B. die Geschichte der Wale zeigt, derartige Umwegsentwicklungen wenigstens abzukürzen. Begrenzt erscheinen aber auch die phylogenetischen Wandlungen selbst, indem eine allmählich zunehmende Minderung der Fähigkeit zu solchen größeren Ausmaßes, zum Abgehen von einer einmal eingeschlagenen Richtung, aus den fossilen Dokumenten abzulesen ist. Diese Richtung wird vielmehr (vgl. die Ontogenese) beibehalten und die Wandlung geht — mitunter selbst bis zum Entstehen offensichtlich hypertropher (überzüchteter) oder exzessiver (über die Norm hinaus gehender) Bildungen (Geweih des pleistozänen Riesenhirsches, Stoßzähne mancher Mammute u. a.) — orthogenetisch = geradlinig weiter (**Orthogenese**).

Nur als eine besondere Form dieser Art von Begrenztheit der Stammesentwicklung ist deren **Nichtumkehrbarkeit,** die sogenannte **Irreversibilität,** aufzufassen.

---

[8] Nur in der Phase „explosiver Entwicklung" soll sie nach S c h i n d e - w o l f schon früher in neue Bahnen lenken (**Proterogenese oder Früher-Entwicklung**).

Diese Erscheinung wird immer wieder mißverstanden, obwohl sie schon aus dem historischen Charakter alles phylogenetischen Geschehens — alles in der Zeit ablaufende Geschehen ist ja (vgl. S. 10) einmalig und nicht wiederholbar — zu folgern ist. Gewiß gibt es eine Umkehr der Stammesentwicklung in dem Sinne, daß in einer Ahnenkette der Weg vom Wasser zum Lande und von da wieder in das Wasser zurückführte, daß Hand in Hand damit das Fanggebiß des Fischfressers etwa zu einem differenzierten Kaugebiß und dann neuerlich zu einem bloßen, einfachen Fanggebiß wurde, gibt es also ein gewisses Auf und Ab, Hin und Her; aber wenn einmal z. B. ein Organ im Verlauf solchen Geschehens weitgehend oder gar bis zum völligen, auch anlagenmäßigen Schwunde rückgebildet wurde, entsteht es niemals bei einer Rückkehr zur alten Lebensweise wieder, sondern es wird immer durch Umgestaltung noch vorhandener Organe ersetzt. So wurde bei Schildkröten, die im Mesozoikum in die Hochsee hinausgingen, der Panzer weitgehend rückgebildet; als deren Nachkommen im Tertiär in die Küstengebiete zurückkehrten, wurde nicht der alte Panzer wiederhergestellt, sondern über seinen verkümmerten Resten aus, zumindestens größtenteils, nicht dem ursprünglichen Panzer angehörigen Verknöcherungen ein neuer gebildet.

Die Irreversibilität der Stammesentwicklung erweist sich aber nicht allein durch die Nicht-Reaktivierung verkümmerter bezw. das Nicht-Wiederentstehen auch anlagemäßig völlig verschwundener Organe. Auch das Hin und Her, das Auf und Ab, von dem oben gesprochen wurde, kann nicht endlos sein. Das ist nicht allein wegen der Begrenztheit der Phylogenese zu erwarten, es wird auch durch die Funde bezeugt. Wo einmal der Niedergang einer Gruppe ein bestimmtes Maß erreicht hat, gibt es ebensowenig neuen Aufstieg, wie beim Einzelwesen zu starker Kräfteverfall nicht mehr in sein Gegenteil verkehrt werden kann, sondern es findet dann die Stammesentwicklung eben ein Ende.

Das Ende der Stammesentwicklung. das **Aussterben** oder der Artentod, ist also gleichfalls als besondere Erscheinungsform von deren Begrenztheit begreifbar. Von ihm sind schon ungezählte Stammeslinien betroffen worden und in vielen Fällen wird wohl — offensichtliche Entartungs- oder sogenannte Vergreisungs-(Senilitäts-)erscheinungen deuten darauf hin — das Aussterben so zu verstehen sein. Immerhin darf aber auch nicht übersehen werden, daß, besonders bei zahlenmäßig geringen und in der regionalen Verbreitung beschränkten Beständen, auch epidemische Krankheiten, lokale Katastrophen, Umweltsänderungen (z. B. klimatische), ferner neu auftretende Konkurrenten oder Feinde u. a. m. zur Ausrottung führen können und konnten. Manche Fälle eines Verschwindens von Tierformen mögen — volle Gewißheit ist in diesen Belangen nur selten zu erzielen — am ehesten in dieser Weise zu deuten sein.

Das Aussterben, um das es hier geht, ist nur das eigentliche Aussterben, d. h. das Erlöschen ohne jegliche, auch ohne umgewandelte Nachkommen. Phylogenetischer Wandel kann natürlich auch zu einem völligen Verschwinden der Ausgangsformen führen, aber doch nur zu einem scheinbaren „Aussterben". Auf dieses haben naturgemäß die voranstehenden Darlegungen keinen Bezug.

D. Triebkräfte und Ablauf des stammesgeschichtlichen Wandels.

Es liegt nahe, bei der Untersuchung des stammesgeschichtlichen Wandels nicht allein nach Erkenntnis seiner Wesenszüge zu streben, sondern auch nach den Kräften, die ihn, nach der Art, wie sie ihn bewirkt haben mögen, und nach seinem allgemeinen Ablauf zu forschen. Einige Hinweise gibt uns da — denn unmittelbar sind ja auch sie aus den fossilen Dokumenten nicht ablesbar — die Erfahrung am gegenwärtigen Geschehen.

1. Neophylogenetische Forschungsergebnisse.

Durch die moderne Vererbungsforschung wissen wir, daß die Gestaltung jedes Organismus heute durch seine Erbmasse bestimmt erscheint. Sie gilt als verantwortlich dafür, daß die Kinder die gleichen Artmerkmale wie ihre Eltern besitzen. Demnach muß jede stammesgeschichtliche, mit einer Wandlung der Erbmerkmale verbundene Umwandlung, die sich ja nur an Einzelwesen vollzogen haben kann, mit einer Änderung der Erbmasse verknüpft sein. Eine solche tritt bekanntlich bei jeder Zeugung ein, wo — und das wird die fast ausnahmslose Regel sein — die Erbanlagen beider Eltern nicht völlig ident sind. Allein diese Änderungen pflegen sich erfahrungsgemäß im Rahmen der artlichen Schwankungsbreite zu halten, weil ja die Verschiedenheit der elterlichen Anlagen ein gleiches tut. Eine fruchtbare Kreuzung stärker verschiedener Eltern (Bastardierung) ist, wie man weiß, kaum möglich, weil die sexuelle Affinität meist schon bei an sich geringer Verschiedenheit schwindet. Deshalb dürfte die Veränderung (Wandlung) durch bloße Kombination etwas, wenn auch nur wenig verschiedener Erbanlagen, also durch Kreuzung im weitesten Sinne des Wortes, nicht der alleinige, kaum auch nur der häufigere Weg stammesgeschichtlicher Umgestaltung gewesen sein. Die erwähnten Erfahrungen, die unter natürlichen Bedingungen nach solchen Kreuzungen zu gewärtigenden Rückkreuzungen, welche eben erst beginnende, geringe Verschiedenheiten wieder mindern können, schließlich auch die Frage, ob die Schaffung von wirklich Neuem durch die bloße Kombination von bereits Vorhandenem zu erwarten ist, lassen eine zurückhaltende Beurteilung dieses Weges angezeigt erscheinen.

Durch die experimentelle Evolutionsforschung, welche einen sehr wichtigen Zweig neophylogenetischer Forschung darstellt, sind wir jedoch noch über eine andere Form der Änderung des Erbgutes belehrt worden. Durch sie haben wir Kenntnis darüber, daß die Erbmasse durch Stückausfall, Stückumkehr, Stückverdopplung oder Stückeinfügung am Chromosomenbestande wie auch in anderer Weise verändert werden kann und daß in Verbindung mit derartigen Änderungen der Erbmasse auch Änderungen an verschiedenen Merkmalen des Körpers auftreten können; durch sie wissen wir weiter, daß solche Mutationen durch Strahlungseinwirkungen, Temperatur- und Stoffwechseländerungen, also auch durch in den natürlichen Lebensräumen gegebene Ursachen ausgelöst werden können. Solche somit auf Einwirkungen von außen, also von seiten der Umwelt zurückführbare Mutationen sollen nun freilich nach den bisherigen experimentellen Ergebnissen stets richtungslos erfolgen, so daß eine gerichtete Evolution, wie sie uns die Lebensgeschichte in unmißverständlicher Weise bezeugt, erst durch die Elimination, d. h. die zufällige Ausschaltung (bei geringer Zahl einer Mutante) bzw. Selektion (Kampf ums Dasein) zustande kommen könnte.

Der Weg über richtungslose Mutationen und nachträgliche Elimination ist vom Standpunkte der Lebensgeschichte gewiß nicht undenkbar. Selektive (= auslesende) Vorgänge haben ja, viele Befunde (vgl. das frühere Verschwinden von Formen mit minderwertigen Anpassungen gegenüber solchen mit höherwertigen, s. S. 75 ff., vgl. die Geschichte des Höhlenbären aus der Drachenhöhle bei Mixnitz in Steiermark usf.) zeigen uns dies an, auch in der Vorzeit eine bedeutsame Rolle gespielt. Aber es kann doch nicht übersehen werden, daß das paläontologische Fundgut auch gerichtete Mutationen oder richtende Vorgänge nicht bloß (im weitesten Sinne) auslesender Art, d. h. nicht allein negative, sondern positive Richtungsfaktoren erwarten ließe. In diesem Zusammenhang muß daran erinnert werden, daß es neben der chromosomalen Erbmasse, dem Genom, auch ein plasmatisches Erbgut, das Plasmon, gibt. Über die Plasmavererbung ist noch wenig bekannt, denn die Plasmagenetik ist eine ganz junge Disziplin. Wenn aber Michaelis neuerdings andeutet, daß bei Abänderungen des plasmatischen Erbgutes, und zwar bei Plasmon-Umkombinationen, unter dem Einfluß der Selektion eine gerichtete, gleitende Anpassung zustande kommen könnte; daß durch ein unterschiedliches (in gewissem Sinne gegensätzliches) Verhalten von Genom und Plasmon (Umkombinierbarkeit zu verschiedenen Zeiten und auf verschiedene Weise) ein einerseits stabiles, anderseits biegsames und anpassungsfähiges Erbgut entstehen könnte; daß durch die Plasmon-Umkombination das Problem der Anpassungen seine Sonderstellung verlieren könnte, wird man vielleicht eben von diesem jüngsten Zweig experimenteller Evolutionsforschung eine für die Paläo-Phylogenie befriedigende Lösung hinsichtlich des Gerichtet-Seins mancher stammesgeschichtlicher Umwandlungen erwarten dürfen.

Weitere Einblicke in den eingangs dieses Abschnittes umschriebenen Fragenkreis gewähren andere Zweige der Neobiologie. So wird die Sprunghaftigkeit der Phylogenese außer durch die Mutationen durch die Möglichkeit von Zellverdopplungen infolge zusätzlicher Teilungen beleuchtet, wie sie für die stammesgeschichtliche Umgestaltung des Großhirns der Säugetiere vermutet wurden, so erinnern manche durch das (genomatisch gesteuerte) hormonale Geschehen ausgelöste Umgestaltungen sehr an phylogenetische Umwandlungsbilder (vgl. die Pachyostose und Osteosklerose der Sirenen, S. 54). Die Feststellung der Entwicklungsphysiologie, daß die Keimesentwicklung ein geordnetes System einander schrittweise auslösender Einzelvorgänge sei, von denen einige vorauslaufen, während andere zurückbleiben, ergibt eine beachtenswerte Parallele zu Vortrab und Nachzüglern wie zur Spezialisationskreuzung in der Stammesentwicklung. Das Gesetz des allometrischen (heterogenen) Wachstums hat eine Erscheinung in der Ontogenese aufgedeckt, welche an die häufigen, oftmals orthogenetischen Proportionsänderungen in der Phylogenese gemahnt.

2. Paläophylogenetische Forschungsergebnisse.

Werfen also Ergebnisse von Untersuchungen jetztzeitlicher Lebewesen manches Licht auf die Umweltsbezogenheit, auf Spezialisationskreuzungen, Sprunghaftigkeit, Vortrab und Nachzügler in der Stammesentwicklung wie auch auf den Vorgang des phylogenetischen Wandels an sich, so geben sie uns auf andere — wie auf das „Warum“ des Tempowechsels, der Begrenztheit und vor allem der Gerichtetheit in der Phylogenese, auf das „Warum“ der Verschiedenartigkeit und Verschiedenwertigkeit der Anpassungen und Anpassungswege, der Parallelität, Kon- bzw. Divergenz der Entwicklungsbahnen — keine oder noch keine hinreichend gesicherte und befriedigende Erklärung. In diesen Belangen ist also die paläophylogenetische Forschung einstweilen auf sich selbst angewiesen.

In ungezählten Einzeluntersuchungen wurde denn auch einschlägiges Material zusammengetragen und auf solcher Grundlage ein tieferes Verständnis des gesamten Evolutionsphänomens zu erreichen getrachtet. Viele der obigen Wesenszüge der Stammesentwicklung wurden als **phylogenetische Regeln**, als sogenannte **Evolutionsgesetze**, schärfer gefaßt. So haben u. a. C o p e ein Law of the Unspezialised, R o s a ein Gesetz der progressiven Reduktion der Variabilität, E i m e r ein Gesetz der Orthogenese, D o l l o die Gesetze der Sprunghaftigkeit, Begrenztheit und Irreversibilität formuliert, hat A b e l die meisten phylogenetischen Gesetze, E h r e n b e r g auch das die Ontogenese betreffende biogenetische Grundgesetz auf ein noch allgemeineres biologisches Trägheitsgesetz zurückzuführen versucht. Andere wieder waren durch Gegenüberstellung tiefgreifender, rascher, mehr oder weniger qualitativer **Umgestaltung** und langsam-stetiger, mehr oder weniger quantitativer **Ausgestaltung**, meist unter Betonung einer **Mehrphasigkeit** der **stammesgeschichtlichen Abläufe**, um weitere Klärung bemüht. O s b o r n unterschied zwischen Aristogenen bzw. Aristogenesis (vom griech.

aristos = der Beste, genesis = Werden, Entstehung, Entwicklung) und Alloio- oder Allometrons (wörtlich: andermaßige, d. h. proportionale Veränderungen), Dacqué zwischen einer autonomen = eigengesetzlichen Phase spontaner Typenneubildung und einer konsekutiven = folgenden Phase der Aus- und Umgestaltung, Beurlen sprach ähnlich von einer Frühphase mit explosiver Formentfaltung bzw. Neuausprägung (Neomorphose), einer (Haupt-)Phase der gerichteten Ausgestaltung und einer Spät-Phase der Riesenformen und Überspezialisierung, Schindewolf nahm Typostrophen (Zyklen der Typen-Umgestaltungen) mit einer Früh-Phase der Typogenese oder Typen-(Neu-)bildung, einer Haupt-Phase der Typostase oder Typenkonstanz (Typenausgestaltung auf dem Wege der Anpassung unter Beibehaltung des Typengefüges) und einer Schluß-Phase der Typolyse (Typenauflösung unter Überspezialisierung) an usf.

Freilich geht es hier nur um Deutungsversuche; genau so, wie wenn der Historiker es unternimmt, Triebkräfte und Sinn von Geschehnissen vergangener Jahrhunderte zu ergründen. Und wie da bekanntlich verschiedene Forscher je nach ihrem Wissen und ihrer weltanschaulichen Blickrichtung gleiche Geschehnisse verschieden beurteilen, so auch in der Stammesgeschichte. Aber aus den unterschiedlichen Auffassungen ist doch immer wieder die Überzeugung herauszulesen, daß die Erscheinungen des Gerichtet-Seins wie die anderen obgenannten Wesenszüge der Stammesentwicklung in inneren Gegebenheiten des Organismus begründet sein müssen. Dem Wandel, den „innere Ursachen" wie Umweltsänderungen auslösen mögen, muß eine die Umgestaltung gestattende Wandlungsfähigkeit entsprechen. Gewiß mögen oft verschiedene Wandlungsmöglichkeiten gegeben sein und zunächst Richtungslosigkeit vortäuschen. Auf weitere Sicht aber wird die Richtung unverkennbar. Allein aus dem Wirken der Selektion sind jedoch weder dieses Gerichtet-Sein noch manche andere Wesenszüge der Stammesentwicklung befriedigend ableitbar (vgl. S. 83/84). Das Werden der Anpassungen, die Adaptiogenese, deren Verschiedenartig- und Verschiedenwertigkeit, die sich in ihnen wie in anderen phylogenetischen Wandlungsvorgängen bekundenden Erscheinungen der Gerichtetheit und Begrenztheit werden am ehesten verständlich, wenn einerseits eine, nun auch durch die Plasmagenetik in den Bereich der Möglichkeit gerückte gerichtete Änderung angenommen, anderseits die Wandlungsfähigkeit als begrenzt vorgestellt wird. Diese scheint am größten in noch jungen, wenig gewandelten Formen und Gruppen. Dann nimmt sie ab und macht so nicht nur eine direkte Umkehr unmöglich, sondern läßt vielleicht auch nur mehr diese oder jene Art der Umgestaltung bzw. Ausgestaltung auf Grund des bereits festgelegten Bauplanes zu, die uns mitunter minder günstig erscheinen mag. Endlich erlischt sie in gealterten Stämmen ganz und führt so, früher oder später, wenn weitere Umgestaltung erforderlich wäre, zum Aussterben (Artentod). Die schon oft erkannte Parallele zwischen Stammes- und Einzelentwicklung wird auch hier wieder offenbar. So ist also der Organismus beim ganzen stammesgeschichtlichen Geschehen nicht nur passives Objekt. Er reagiert auf die allfälligen „inneren Wandlungsimpulse“, auf die von der Umwelt und ihren Änderungen ausgehenden Reize nicht uneingeschränkt zwangsläufig, sondern er selbst gestaltet sich unter diesen Einflüssen um, wie und soweit es seine Gestaltungsfähigkeit erlaubt. Das glaube ich mit meinen bisherigen Erfahrungen heute aus der Geschichte der Tierwelt ablesen zu können, das scheint mir auch der gemeinsame Kern aller verschiedenen Deutungsversuche der letzten Jahre zu sein.

Namenverzeichnis.

Sachverzeichnis.

Vorbemerkung: Das Sachregister soll die behandelten und erwähnten Erscheinungen, Probleme. Tierformen usw. sowie die Stellen möglichst rasch und vollzählig auffinden lassen, an welchen die verwendeten Fachausdrücke erläutert werden. Um diesem Ziele möglichst nahe zu kommen, wurden

a) Umlaute einheitlich unter ae, oe usw. gereiht,

b) lateinische Tier- (Pflanzen-)Namen, d. h. Species-, Genus-Namen usw., durch Kursivdruck hervorgehoben; wurde

c) auf Begriffe gleicher oder ähnlicher Bedeutung (wie etwa Entwicklung, Evolution. Phylogenese, Stammesentwicklung, Stammesgeschichte) gegenseitig verwiesen; wurden ferner

d) Gegenstände, welche man unter verschiedenen Schlagwörtern suchen kann, grundsätzlich unter dem belangreicheren verzeichnet (also morphologische Ventralseite unter Ventralseite, hypertrophe Bildungen unter hypertroph) und

e) in Zweifelsfällen solche Gegenstände auch unter mehreren Schlagwörtern gebracht (z. B. der historische Charakter des phylogenetischen Geschehens unter historisch und unter phylogenetisch); endlich wurde

f) bei den einschlägigen (paläobiologischen und stammesgeschichtlichen) Fachausdrücken auf die Textstellen verwiesen, wo sie (auch sprachlich) erläutert werden. (Eine solche Erläuterung mußte für nicht der Paläobiologie eigene bzw. in ihr besonders angewandte Fachausdrücke, daher für manche paläozoologische, und die meisten zoologischen, morphologischen, systematischen (einschl. der Tiernamen) wie geologischen usw. aus naheliegenden Gründen unterbleiben.)